AF345356

ÉTAT ACTUEL

DE LA

QUESTION VINICOLE.

Paris. — Imprimerie de **BOULE** et C⁰, rue Coq-Héron, 3.

ÉTAT ACTUEL

DE LA

QUESTION VINICOLE

DANS SES RAPPORTS

AVEC LA CONSOMMATION INTÉRIEURE.

PAR

M. HIPPOLYTE FAURE,

DÉLÉGUÉ DES PROPRIÉTAIRES DE VIGNES DE NARBONNE.

PARIS,

LEDOYEN, LIBRAIRE-ÉDITEUR,

PALAIS-ROYAL, GALERIE D'ORLÉANS, 31.

1843

TABLE.

ÉTAT ACTUEL

DE LA

QUESTION VINICOLE.

CHAPITRE PREMIER.

Impôt direct. — Impôt indirect. — Octrois et Surtaxes.

Lorsque l'on étudie attentivement la question vinicole; lorsque l'on sonde toutes les plaies creusées par notre système d'impôts; lorsque l'on pèse toutes les injustices qu'il engendre ; lorsque, d'un autre côté, on considère la part importante que la vigne occupe dans notre agriculture, le nombre de bras qu'elle emploie, les riches produits qu'elle livre au commerce, on ne peut concevoir l'indifférence opiniâtre du gouvernement en présence de tant de souffrances, en présence de tant d'élémens de prospérité. Toute la France, les consommateurs et les producteurs sont intéressés à la solution prompte et loyale de la question vinicole; depuis quinze ans les propriétaires de vignes la sollicitent avec instance, et cependant aucun remède ne leur est offert. L'an dernier, une limite lointaine fut opposée aux surtaxes; cette année, un adoucissement fort léger a été accordé aux alcools. Voilà le cercle étroit dans lequel jusqu'ici s'est circonscrite l'action du gouvernement. Vainement des réunions d'hommes recommandables ont pris en main la défense de leurs malheureux compatriotes; vainement des pétitions adressées aux deux Chambres y ont été discutées et prises en considération; vainement le chef de l'état a-t-il témoigné pour cette cause une vive sympathie, l'administration n'a rien fait, rien recherché, rien proposé pour améliorer une position si fâcheuse, et cependant si digne d'intérêt.

Cette indifférence et l'ajournement forcé

dont la clôture de la session de 1843 va encore frapper la question vinicole, nous ont suggéré l'idée d'en examiner un à un tous les termes, de constater par notre propre enquête la réalité des souffrances, et enfin d'indiquer les divers palliatifs proposés pour adoucir cette situation. C'est le résultat de ces recherches que nous offrons aujourd'hui au public, comme un lien naturel entre le passé et l'avenir de la question vinicole ; espérant que ce travail, entrepris en dehors de toute préoccupation d'intérêt personnel, portera dans l'esprit des lecteurs les mêmes convictions que nous y avons trouvées.

Nous avons borné, cette fois, nos études à la partie intérieure, parce que, selon nous, c'est la plus considérable, la plus impérieuse, celle dont les réformes sont les plus faciles et peuvent avoir une influence immédiate sur la situation actuelle. L'aplanissement des difficultés qui s'opposent aux débouchés des produits vinicoles à l'extérieur est très désirable, mais ne dépend pas entièrement du gouvernement français ; il ne pourra l'obtenir qu'au moyen de négociations diplomatiques avec les autres puissances, de concessions réciproques dans les tarifs, opérations longues et délicates à déterminer. Pour la partie intérieure, au contraire, il n'a qu'à bien se pénétrer de l'état actuel des choses : à peser d'un côté les souffrances, de l'autre les résultats que produirait leur allégement, et à aborder ensuite franchement les réformes. Une fois entré dans cette voie, au lieu de rencontrer des obstacles, il ne trouvera qu'appui et loyal concours, car en France tout le monde sent que le mal est grave et le danger imminent.

Aucune espèce de terres, en effet, ne se trouve plus surchargée d'impôts que celle où la vigne est cultivée. Nulle part l'inégalité de la répartition n'est plus flagrante.

Prenez un terrain quelconque dans les grèves du Médoc, au milieu des rochers de St-Émilion, ou sur les collines caillouteuses du Languedoc; cultivez ce terrain comme vous l'entendrez, pourvu que vous n'y plantiez pas

de vigne, l'impôt que vous paierez sera très
faible ; votre terrain sera classé selon le principe d'égalité proportionnelle, c'est-à-dire
que l'on tiendra compte, en l'imposant, des
seules qualités intrinsèques du sol : le degré
réel de fertilité sera la mesure de la taxe. Es-
sayez plus tard de faire venir une vigne, en
extrayant les pierres dont ces terrains sont
hérissés, ou en faisant jouer la mine pour
conquérir quelques pouces de terre sur les
rochers de St-Émilion ou de Port-Vendres, à
l'instant, ces mêmes terrains qui payaient un
impôt très faible, seront taxés à l'égal des terres
les plus fertiles. Ainsi, le principe d'égalité qui
les régissait disparaîtra. Pour avoir fait venir
une vigne, pour vous être privé de revenu
pendant quatre ou cinq ans, pour avoir enfoui
dans le sol un capital considérable, vous serez
soumis à de nouveaux droits. Cependant, la
constitution du terrain ne sera pas changée :
si le propriétaire en retire de plus grands produits, il ne les doit qu'à son travail, à son
industrie : il les doit aux capitaux qu'il a

avancés ; il les doit trop souvent à des emprunts hypothécaires qui grèvent son terrain sans récompenser son travail. Ce que l'on impose, ce n'est donc pas seulement la terre, c'est l'industrie, c'est le capital ; ce sont les frais de défrichement, les frais de plantation, les frais de culture, le salaire des ouvriers !

Quelques chiffres rendront cette injustice plus évidente, et montreront clairement l'inégalité qui existe dans la répartition de l'impôt direct.

Le territoire entier de la France offre une superficie de 52 millions d'hectares ; si l'on ôte 6 millions d'hectares pour les montagnes, les étangs, les routes, etc., on trouve une surface imposable de 46 millions d'hectares, sur laquelle devrait être assise une taxe proportionnelle. Par suite de l'évaluation précise et rationnelle qui aurait dû être faite, la partie de la France couverte de vignes ne devrait payer qu'un impôt foncier inférieur à celui dont le reste du territoire se trouve frappé. En effet, sauf un très petit nombre d'exceptions qui existent dans les vallées de l'Aude et de l'Hérault, dans quelques parties de la Bourgogne et aux environs de Paris, la vigne est surtout cultivée sur des coteaux, sur des terres d'une qualité inférieure. Il semblerait donc naturel que cette portion du territoire fût précisément celle où l'impôt foncier se trouvât le plus faible.

Le cadastre en a décidé autrement.

La vigne s'étend sur une surface de 1,972,342 hectares, qui forment le 1/26 du territoire de la France. D'après les principes que nous venons d'émettre, l'impôt supporté par cette portion du territoire devrait se trouver inférieur au 1/26 de l'impôt foncier général, ou au moins égal à ce 1/26, car nous admettrons volontiers que la prospérité de la vigne, à l'époque où les opérations cadastrales furent faites, ait déterminé une petite infraction à la règle. Dans ce cas, l'impôt foncier des vignes ne devrait pas dépasser le 1/26 de l'impôt foncier de la France, qui s'élève environ à 220 millions, déduction faite des propriétés bâties ; soit 8,461,538 fr. Eh bien ! ce chiffre rationnel ne représente pas même la moitié de l'impôt direct des vignes dont la quotité peut être portée à 20 millions. Ainsi, au lieu de supporter le 1/26 de l'impôt foncier, les terrains consacrés à la culture de la vigne paient près du dixième, c'est-à-dire plus du double de ce que paient les autres terres. Voilà quelle a été à l'égard de la propriété vinicole la justice distributive de l'administration !

Dans les lois d'impôt, la première règle à observer c'est l'égalité ; en dehors de ce système, il n'y a qu'injustice et confusion. A l'égard des vignes, cette égalité est violée de la manière la plus flagrante : les cris de détresse, partis de tous les points de la France, la baisse des prix et l'avilissement des denrées le prouvent assez.

A cette première inégalité viennent s'en ajouter d'autres non moins funestes : frappée dans son principe, l'industrie vinicole n'est pas mieux traitée dans ses résultats. Ses produits ne sont pas plus respectés que son travail. L'inégalité est plus grande encore dans la répartition de l'impôt indirect que dans celle de l'impôt territorial.

Les bois, les prairies, les terrains de toute nature, où l'on cultive le blé, le mûrier, le chanvre, le lin, le houblon, paient une contribution foncière. Cet impôt acquitté, les produits ne rencontrent plus aucune entrave : ils ne sont soumis à aucun droit de vente ou de mouvement, ils circulent et s'échangent avec une parfaite liberté.

En est-il de même pour les denrées que produisent les vignobles ? — Non.

A peine récolté, le vin se trouve sous le poids d'une multitude de taxes qui viennent sans cesse en arrêter la consommation. Il est soumis à un droit de *circulation* qui gêne la liberté des échanges et occasionne de grands frais ; à un droit d'*entrée* perçu par le Trésor et calculé d'après la population ; à un droit de *détail* perçu par les employés de la régie ; enfin, à un droit d'*octroi* perçu par les villes. Le fisc prend un dixième sur ce dernier

droit, dixième qui fut prélevé pour la première fois, dans nos temps de guerre, comme
pain de soupe donné à nos soldats, et qui a survécu à ces époques de crise, comme les octrois
eux-mêmes ont survécu à nos temps féodaux.
Ainsi, depuis le champ du producteur jusqu'à
la table du consommateur, le vin se trouve successivement atteint par cet ensemble de *droits*,
qu'on a appelés *réunis*, pour exprimer sans
doute qu'il était impossible de composer un
plus ingénieux faisceau de taxes et de vexations.

Les eaux-de-vie, soumises à un régime ex-
ceptionnel, paient un droit de *consommation*
qui s'élève à 34 fr. l'hectolitre, et un droit
d'entrée qui varie de 4 fr. à 16 fr.. suivant la
population des villes. divisées en quatre
classes. Aux barrières de Paris, où les divers
droits sont remplacés par une taxe unique,
le droit payé par les eaux-de-vie s'élève
à 82 fr. 50 c., soit 330 fr. le muid !

Avant de caractériser ces différentes taxes.
montrons ce qu'elles rapportent : ces pre-

miers chiffres mettront tout d'un coup en évidence la somme énorme d'impôts qui pèse sur l'industrie vinicole.

Voici quel a été le produit des divers droits en 1842:

Pour les vins . . . . Fr.	60,993,682
Pour les eaux-de-vie	21,253,450
TOTAL.	82,247,132

Si l'on ajoute à cette somme le produit des octrois qui s'élève à	26,000,000
On trouve un total de	108,247,132

Cette somme de CENT HUIT MILLIONS, prélevée sur les vins et les eaux-de-vie par l'impôt indirect et les octrois, indépendamment de l'impôt foncier, est presque égale en valeur au quart de tous les vins récoltés en France. En effet, la statistique officielle porte:

La valeur des vins à . . . . Fr.	419,029,152
La valeur des eaux-de-vie à	59,059,150
TOTAL.	478,088,302

Si, au chiffre de 108 millions, qui forme le produit de l'impôt indirect et des octrois, nous ajoutons le produit de l'impôt direct des vignes, qu'on ne peut évaluer à moins de 20 millions, nous arrivons presque au chiffre de 130 millions. Dans ce cas, la somme totale des impôts qui pèsent sur l'industrie vinicole dépasserait le quart de la valeur des vins et des eaux-de-vie produits dans toute la France. Quelle est l'industrie, que l'on nous le dise, qui est traitée avec autant de rigueur et d'injustice ? Mais ce n'est pas tout.

L'injustice de l'impôt s'accroît encore de l'inégalité de sa répartition. D'après les évaluations officielles, toutes ces sommes énormes ne sont prélevées que sur 22,600,000 hectolitres, c'est-à-dire sur la moitié environ de la production générale, en y comprenant les eaux-de-vie et les vinaigres; l'autre moitié échappe au fisc par la consommation au domicile du producteur, par la fraude et par l'exportation. Il en résulte que la partie de la production réellement atteinte supporte une taxe double de celle qui devrait peser sur elle. Si donc la taxe établie pour 40,000,000 d'hectolitres de vin est égale au quart de la valeur des vins de toute la France , et n'est réellement payée que par 22,600,000 hectolitres , ou la moitié de la récolte, ce n'est pas le quart , mais bien la moitié de la valeur produite que prélève la taxe. Voilà l'exacte vérité; voilà le résultat de ce système que tout le monde repousse. Où trouver des expressions assez fortes pour flétrir un impôt qui confisque la moitié d'une denrée ?

Ce n'est pas tout encore. Décomposons ce chiffre total de 22,600,000 hectolitres, et nous verrons mieux sur qui, en définitive. retombe la plus forte partie de l'impôt :

15,700,000 hectolitres sont consommés en nature.
   500,000   —   sont convertis en vinaigre.
 6,400,000   --   sont transformés en alcool.

Mais ces 15,700,000 hectolitres de vins consommés en nature ne sont pas tous d'égale

qualité; ils ne sont pas tous absorbés par la
même classe de consommateurs ; par suite ,
l'impôt les atteint à des degrés différens, et,
contrairement à tous les principes, les vins
fins sont moins rigoureusement traités que les
vins communs. Nous allons mettre en lumière
cette flagrante iniquité.

Le commerce d'exportation recherche principalement les vins de grand crû. En consul-
tant les tableaux de notre commerce extérieur,
on voit que la moyenne des vins de France ex-
portés est de 35 à 36 fr. l'hectolitre; tandis
que la valeur commune de tous nos vins n'a
été portée qu'à 15 fr. l'hectolitre, à une époque
où les prix des vins étaient plus élevés qu'aujourd'hui. La plus grande partie de nos vins
précieux échappe donc à l'impôt; ce qui s'en
consomme à l'intérieur n'est porté qu'à
2,000,000 d'hectolitres. Or, les vins de cette
classe, presque toujours vendus en futaille,
acquittent seulement les droits d'entrée et
de circulation dont les prix moyens généraux ne dépassent pas 4 fr. 50 c. l'hectoli-

tre ; ces deux millions d'hectolitres paient 10,000,000 fr. pour leur part de la taxe de 108 millions qui pèse sur la production vini-cole ; 6,000,000 fr. peuvent être imputés aux eaux-de-vie et vinaigres consommés en France. Sur qui donc retombent les 92,000,000 fr. res-tant? Sur les 13,700,000 hectolitres de qua-lité inférieure, dits *vins de détail*, dont la valeur nécessairement doit être bien au des-sous de la moyenne de 15 fr. que nous venons d'indiquer. Le Comité central de la Gironde n'assigne à ces vins si maltraités qu'une valeur de 6 fr. 50 c. par hectolitre; la Commission vini-cole de Narbonne, ne la porte que de 5 à 6 fr. Ainsi les 92,000,000 fr. formant le complé-ment de l'impôt qui affecte les vins consommés en France, retombent sur une masse de produits dont le prix est à peine de 84 à 85,000,000 fr.: ces produits inférieurs se trouvent donc affec-tés d'une taxe supérieure à 100 pour 100 de la valeur. Et c'est la boisson du pauvre qui est ainsi traitée!... En principe, l'impôt ne doit ja-mais peser trop lourdement sur aucune classe de contribuables; mais s'il en est une qu'il doive ménager, c'est sans contredit celle qui vit du produit de son travail.

Considéré dans son ensemble comme dans ses détails, l'impôt qui pèse actuellement sur les vins, a des conséquences funestes. Très exagéré, très mal réparti, il constitue une immense injustice, dont souffrent à la fois le consommateur, le producteur et le Trésor. C'est ce que nous allons établir.

La faculté dont jouissent les villes de prélever des droits considérables sur les boissons a pour conséquence d'éloigner de la consommation intérieure les vins naturels, et de favoriser divers procédés de falsification plus ou moins coupables. Malgré le bas prix actuel du vin dans les centres de production, un grand nombre de personnes, à Paris, et généralement dans les villes du nord de la France, n'ont pour tout breuvage qu'un mélange d'eau et d'alcool, que l'on rougit avec des lies, avec du vin corsé, quelquefois même avec des substances nuisibles. Comment pourrait-il en être autrement? Une barrique de vin, achetée 12 fr. dans les vignobles d'Orléans, à trente lieues seulement de la capitale, se vend 90 fr. à Paris (1). La qualité du vin ne change pas dans ce court trajet ; mais le prix s'accroît en chemin par les droits. Lorsque les frais de mouvement et d'octroi sont si considérables, le vin naturel cesse d'être à la portée de la masse des consommateurs. Sous l'influence d'un tel régime, la vente des produits de franc aloi diminue, et le commerce des vins falsifiés s'accroît.

---

(1) Pour la pièce de vin en question le propriétaire reçoit. . . . . . , ... 12 f. » c.
Le négociant intermédiaire paie pour le transport et le déchet 10   »
Pour les droits 43   50

Valeur du vin à l'arrivée dans Paris. 65   50
Frais accessoires et bénéfices que se réservent les négocians, les courtiers et les commissionnaires. . . , ... 25   »

TOTAL. . . . . . . , , ... 90   50

Les droits exagérés sont donc nuisibles au consommateur ; ils portent à la fois préjudice à sa santé et à sa bourse.

Ils ne nuisent pas moins au producteur, car ils ont pour effet immédiat de restreindre la production. Mais, de tous les producteurs, celui qui se ressent le plus de l'exagération des droits , c'est, sans contredit , le propriétaire de vignes. Lorsque l'impôt frappe outre mesure les boissons fabriquées, comme les bières , les eaux-de-vie de grain, et que la consommation vient à diminuer, les fabricans de ces boissons peuvent régler leur travail sur les besoins du moment ; ils peuvent augmenter ou diminuer leur fabrication, suivant les demandes , et n'essuyer pour toute perte qu'un manque à gagner ; c'est là la condition des fabricans de bière en France, des fabricans d'eau-de-vie de grain en Angleterre. La situation des propriétaires de vignes est bien différente : le vin qu'ils récoltent est un produit naturel dont ils ne peuvent accroître ni affaiblir à leur gré la quantité.

Les frais d'exploitation, l'accroissement et
la diminution des produits ne sauraient être
réglés comme les dépenses et la production
d'une usine. Il en résulte que, sous l'empire des restrictions intérieures et extérieures,
l'abondance des produits, leur accumulation
dans les lieux de production, créent pour les
propriétaires de vignes une situation intolérable.

Rien n'est plus facile encore que de régler
la production des céréales et des autres denrées : il suffit d'un simple changement de culture qui n'entraîne aucun sacrifice. La production du vin ne se limite pas avec la même
facilité. Un propriétaire qui possède une vigne
dans les sables ou sur les coteaux, ne peut
l'arracher sans que la terre ne devienne sté-
rile, sans perdre immédiatement tous ses frais
de défrichement; le propriétaire de plaine ne
peut convertir ses vignes en champs de blé
sans faire le sacrifice des capitaux qu'il a
employés pour les constructions, les futailles
et les pressoirs. Hors d'état de régler la pro-

duction sur les besoins de la consommation, le producteur de vins se trouve donc à la merci des acheteurs. Les mille et une entraves, les vexations sans nombre qui gênent au dedans et au dehors la circulation des vins, réagissent ainsi sur le producteur et lui font en réalité supporter la plus lourde partie de l'impôt.

Les droits exagérés nuisent encore au Trésor : les recettes publiques s'élèvent ou s'abaissent suivant la progression ascendante ou descendante de la consommation des denrées ; or, il est impossible que cette consommation s'étende quand des droits énormes compriment son essor. Ce sont là des axiômes généraux d'économie politique dont l'évidence sera encore confirmée par les chiffres suivans relatifs à la consommation des vins.

Il résulte du tableau des octrois de Paris qu'à une époque où la population s'élevait à 600,000 âmes, en 1808, le fisc perçut les droits d'entrée sur 1,037,902 hectolit. La consommation, par habitant, était alors de 172 litres 98 centilitres. A une trentaine de litres près, c'est la consommation ordinaire des pays vignobles où la circulation n'est point gênée. Trente-trois ans plus tard, en 1841, à une époque où la population de Paris s'élevait à 912,033 âmes, sans compter la population flottante, le fisc ne perçut les droits d'entrée que sur 970,728 hectolitres, ce qui établit une consommation de 106 litres 44 centilitres par habitant. Ainsi, tandis que la population se trouvait augmentée de 312,000 habitans, le chiffre des recettes, loin de s'accroître, éprouvait une réduction notable, puisque le fisc atteignait 67,174 hectolitres de moins, et que la consommation présentait un déficit de 66 litres 54 centilitres par individu. Il est bien clair que cette diminution et ce déficit sont le résultat de la fraude, encouragée par l'élévation des droits. On n'a pas, en effet, remarqué dans les habitudes de la population parisienne un changement assez important pour justifier de semblables conséquences. La décroissance de la consommation vient de la falsification qui a été provoquée, excitée par des taxes exorbitantes. Les droits élevés, comme on voit, ne sont pas moins nuisibles au Trésor qu'au producteur et au consommateur.

Les taxes modérées ont au contraire pour effet d'accroître le mouvement des échanges, de rendre impossibles la falsification et les fraudes ; sous leur influence, la consommation devient plus active, les recettes augmentent, et le producteur voit sa position s'améliorer. Les fortes taxes, nous le répétons, sont une prime donnée à la fraude ; les droits légers facilitent et assurent les transactions loyales. Les résultats que l'on a observés dans plusieurs contrées prouvent suffisamment cette double assertion; ceux que nous avons recueillis, et qui sont relatifs à la consommation des boissons, les confirment encore.

A Montpellier, dans les douze dernières années, un droit de 10 fr. 80 c., perçu à l'entrée de la ville sur chaque hectolitre d'eau-de-vie, a donné une recette moyenne de 1,306 fr. 11 c., sur une consommation moyenne de 126 hectolit., 42 litres, 6 centilit. Or, il est avéré que la consommation des esprits, dans Montpellier, dépasse de beaucoup 126 hecto-itres ; un fait le démontre d'une manière incontestable : le Tribunal correctionnel de cette ville a condamné, en 1840, à une amende de 14,600 fr., plusieurs individus qui avaient introduit, dans l'espace de 4 mois, une plus grande quantité d'eau-de-vie que la ville n'est légalement censée en avoir consommé pendant cinq ans (1). Un droit plus faible eût assurément empêché cette fraude, et la recette du Trésor aurait été plus considérable. C'est ainsi que les impôts éxagérés deviennent des primes d'encouragement pour la fraude.

L'atténuation des taxes fait disparaître la fraude et donne à la vente une vive impulsion. A Lyon et dans les communes voisines, où les droits diffèrent, on a constaté que

---

(1) Mémoire du Comité de l'Hérault, pages 12 et 13.

la consommation du vin suivait l'abaissement du droit. Ainsi à La Croix-Rousse, où les droits s'élèvent à 3 fr. 25 c., la consommation, par habitant, atteint le chiffre de 281 litres; à la Guillotière, où le droit est de 1 fr. 25 c., la consommation, par habitant, est de 259 litres; à Vaise, où le droit est de 1 fr. 50 c., la consommation est de 235 litres; enfin à Lyon, avec un droit de 5 fr. 50 c., on ne trouve qu'une consommation de 152 litres par habitant.

A Bordeaux, en 1829, avec un droit de 8 fr. 67 c., la consommation, par individu, fut de 2 hectolitres, tandis qu'à Nantes, à la même époque, le droit se trouvant à 10 fr. la consommation n'était que de 140 litres. Enfin, à Paris, à la même époque, un droit de 21 fr. réduisait la consommation à 100 litres par individu.

Malgré ces faits notoires, l'un des plus fougueux adversaires des propriétaires de vignes, M. Lanquetin, membre du conseil général de la Seine, soutenu par le *Journal des Débats* (2 juillet 1843), a prétendu que l'abaissement des droits à Paris, de 1830 à 1832, n'avait exercé aucune influence sur la consommation des vins.

Troublés par leur ardeur de controverse, l'un et l'autre ont oublié de faire remarquer, d'abord, que la réduction de M. Laffitte avait été trop peu importante pour déterminer un mouvement ; qu'ensuite la France se trouvait à cette époque dans un état de crise épouvantable ; que l'émeute grondait chaque jour à nos portes, et qu'enfin, pour surcroît de malheur, le choléra sévissait avec une vigueur extrême. Voilà comment, en taisant les divers termes d'une question, on parvient à égarer l'opinion publique ; voilà comment, en propageant de grossières erreurs, on parvient à repousser les justes réclamations des vignobles. Mais quand même nous n'aurions pas été en mesure de réfuter d'une manière si victorieuse le raisonnement captieux de M. Lanquetin, approuvé, vanté par le *Journal des Débats*, mille autres faits économiques, observés dans les pays étrangers ne viennent-ils pas justifier cette doctrine éminemment vraie, éminemment certaine, que les faibles taxes encouragent et développent la consommation ?

En 1784, quand M. Pitt réduisit à 12 p. 0/0 la taxe des thés, qui était jusqu'alors de 119 pour 0/0, la consommation prit un accroissement prodigieux : arrêtée à 5,700,000 livres, de 1781 à 1783, elle s'éleva à 14,500,000 livres pendant chacune des quatre années qui suivirent la réduction de droits.

En 1805, dans le même pays, le droit de 2 fr. 50 c. sur le café ayant été réduit à 70 c., la consommation quadrupla. Le Trésor, qui prélevait une recette moyenne de 4,150,000 fr., avec le droit élevé, perçut une recette de 4,875,000 fr. après la réduction.

Dans toute la France, la consommation du vin naturel, gênée par les droits, est restée stationnaire ; elle est inférieure à celle que l'on observe dans tous les pays à vignes, où le vin n'est point frappé des mêmes taxes que chez nous : en Espagne et en Portugal, par exemple. Dans ces deux pays, la consommation s'élève à 2 hectolitres par habitant ; en France, elle n'est que d'un hectolitre ; et encore, si l'on ôte de ce chiffre les produits que l'on exporte, ceux que l'on convertit en eau-de-vie, ceux enfin qui dépérissent faute de vente dans les celliers, accident fréquent dans le Médoc et en Bourgogne, on peut établir que la consommation ne dépasse pas 1/2 hectolitre ou 2/3 d'hectolitre par individu. Ce résultat est évidemment produit par les taxes nombreuses que supportent les vins, par les visites, les vexations des agens des contributions indirectes, par les frais de transport et surtout par les droits d'octroi si considérables que les villes prélèvent.

Il est facile de tirer de ces exemples une induction générale ; la voici : Nous avons établi que l'impôt actuel est prélevé sur la moitié de la production totale des vignobles, c'est-à-dire sur 22 millions d'hectolitres, et que l'autre moitié de la production se soustrait à la taxe ou est exportée. Si le droit était plus faible, mieux assis, mieux réparti; s'il avait un caractère de modération et de proportionnalité, son action ne serait point gênante, et les transactions commerciales ne seraient point entravées. A peine sensible pour le consommateur, l'impôt ne réagirait jamais sur les bénéfices du producteur. Libres sur les routes et à l'entrée des villes, les vins et les esprits arriveraient sur tous les marchés sans se trouver en concurrence avec les produits de la falsification. De là résulteraient sans doute l'extinction de la fraude et l'accroissement de la consommation.

Un bon système d'impôts indirects ne doit jamais gêner la consommation. Le système actuel a au contraire pour unique résultat de l'entraver. Une appréciation rapide du caractère des divers droits qui le composent suffira pour nous en convaincre.

Nous avons exposé avec tout le développement nécessaire les déplorables effets que produisent les *droits de détail;* nous allons maintenant caractériser les *droits de cir-*

culation, d'entrée, d'octroi et de surtaxe, dont les conséquences ne sont pas moins funestes.

A une époque où tous les hommes d'état, vraiment dignes de ce nom, travaillent à effacer les lignes de douane qui gênent les rapports commerciaux ; à une époque où nous voyons les quarante gouvernemens de l'Allemagne abaisser simultanément leurs barrières, pour que tous les produits puissent parcourir sans surveillance, sans droits, sans entraves, la circonscription de l'union douanière, notre *droit de circulation*, coupant la France en plusieurs zônes, n'est-il pas monstrueux ? N'atteste-t-il pas une législation rétrograde, brutale, digne tout au plus des temps féodaux ? Comment, après la grande révolution de 1789, qui eut pour principal objet de briser les barrières qui gênaient la circulation dans les provinces, et de placer celles-ci sous l'empire d'un même droit commun, a-t-il pu venir à l'idée d'un législateur du xix⁰ siècle de créer le droit de circulation, c'est-à-dire

de reconstituer, pour les vins, les barrières de
nos anciennes provinces? Anachronisme absurde, qui contrarie le principe d'égalité sur
lequel repose toute notre législation. En effet,
les 86 départemens du royaume sont divisés
en quatre classes, où le droit s'élève en raison directe de leurs facultés moins favorables à la production du vin. Les départemens
du Midi paient moins, les départemens du
Nord paient plus.

Mais la répartition de ce droit, quelque vi-
cieuse qu'elle soit, n'est rien encore auprès des
vexations, des entraves de tout genre qu'il pro-
voque ; aussi est-il l'un de ceux qui créent le
plus grand nombre de délits. Le propriétaire
ne peut déplacer son vin d'une cave dans une
autre cave, sans un passavant; il ne peut le
transporter d'un canton à un autre canton voi-
sin, mais non limitrophe, sans payer un droit
égal à celui qui est perçu lorsque la vente est
consommée. Le conducteur est obligé de suivre
l'itinéraire qu'il a d'abord indiqué ; il ne peut
en aucune manière modifier son chargement.

rabattre les futailles, ouiller, transvaser, sans
l'assentiment et l'assistance des employés de
la régie ; si, en route, une pièce coule ou
se défonce , il paie pour le liquide perdu
comme si la futaille était arrivée pleine.
Les alcools souffrent aussi beaucoup des
vexations du contrôle pendant leur trajet,
par suite des modifications qu'apporte la
température dans leur titre et leur qualité,
modifications qui , toutes, donnent au fisc
matière à contravention ; enfin , la fraude
profite du droit de circulation pour faire
arriver, dans les caves de quelques parti-
culiers, des boissons qui sont ensuite clan-
destinement transportées dans celles des ca-
baratiers. Indigné de toutes les manœuvres
illicites auxquelles donne naissance le droit
de circulation , et voulant les prévenir, un
honorable employé des contributions indirectes , M. Maret de Trumilly, a proposé
aux Chambres de tripler ce droit, d'élever
l'échelle de la pénalité pour les fraudeurs, et
enfin d'autoriser les employés de la régie à

faire des visites domiciliaires dans les maisons bourgeoises qui leur paraîtraient suspectes ! L'énoncé de ces propositions, sérieusement adressées aux Chambres en 1842, suffit pour caractériser un tel droit et ajouter à la répulsion générale qu'il inspire. Mais le droit de circulation n'a pas seulement pour effet de gêner la consommation des vins et de créer des délits, il a aussi pour conséquence très fâcheuse d'immobiliser les produits vinicoles et de favoriser dans des localités peu convenables la culture de la vigne : exploitations anormales, qui ne fournissent qu'un vin défectueux à leurs propriétaires ; mais qui frustrent le Trésor des sommes qu'il aurait perçues sur les vins de bonne provenance, s'il avait su en modérer les taxes.

Au reste, il suffit d'examiner un peu attentivement chacun des droits qui composent cet admirable arsenal des contributions indirectes, pour reconnaître aussitôt qu'ils violent les principes de l'économie politique ; qu'ils sont tous en opposition flagrante avec les intérêts

du Trésor, avec ceux du producteur et du consommateur. Ainsi, les droits d'entrée, dignes
auxiliaires des droits d'octroi et des surtaxes,
repoussent les vins des grands centres de population par des taxes qui s'élèvent en raison
directe du nombre des habitans. Les campagnes, toutes les villes au dessous de quatre
mille âmes, sont affranchies de ce droit ; ici la
consommation est livrée au libre arbitre des
individus. Nous ne nous en plaignons pas ;
mais dans les grands centres où il importerait
de la favoriser, parce que c'est là que se réu-
nissent principalement toutes les circonstances
propres à lui donner de l'activité, nous la
trouvons au contraire arrêtée par une échelle
progressive de droits d'entrée qui varient de
60 c. à 4 fr. 80 c. par hectolitre pour les vins,
et de 4 à 16 fr. pour les alcools. Cette échelle
se combine de vingt-huit manières différentes
suivant que les villes sont de quatre à cinquante mille âmes et qu'elles appartiennent
à l'une des quatre zônes établies par le droit
de circulation.

3

Comme les effets des droits d'entrée se combinent avec ceux des droits d'octroi, et qu'ils ont les mêmes conséquences, nous attendrons, pour les caractériser, d'avoir passé en revue la fiscalité municipale.

Les villes émancipées, se souvenant des bénéfices considérables que les seigneurs retiraient des octrois et des péages, songèrent à les rétablir à leur profit, aussitôt que furent apaisés les orages de la révolution, qui venait de renverser les seigneurs et les barrières. Paris revendique la triste gloire de cette restauration. Les droits d'octroi prirent d'abord une attitude modeste ; la bienfaisance fut le prétexte de leur réapparition. Ils ne voulaient que soulager la misère des classes pauvres et souffrantes ; à cette époque, leurs prélèvemens étaient modérés ; ils ne s'élevaient pas au dessus de 5 fr. 50 c. par hectolitre. Lorsque Napoléon voulut creuser le canal de l'Ourcq, la ville jugea à propos de les doubler ; puis elle les tripla ; enfin, d'augmentation en augmentation, le droit primitif se trouva quadruplé. Ainsi, un hectolitre de vin, qui se vend dans le midi 4 à 5 fr., paie quatre et cinq fois sa valeur aux octrois de Paris. Au reste, voici un exemple dont nous pouvons garantir l'authenticité, et qui fera mieux ressortir l'odieuse fiscalité de cette taxe, et par suite, l'effet désastreux qu'elle produit sur la consommation des liquides; c'est le prix de revient d'une barrique, contenant 650 litres de 3/6, récemment expédiée de Narbonne à Paris.

650 litres à 42 c. ont coûté, prix d'achat. . . . . . 273 fr.
    Frais de transport. 100
    Menus frais et bénéfices des négocians. 27
    Droits d'entrée et d'octroi à Paris. 500

Les droits ont triplé le prix d'achat!... En présence d'une aussi monstrueuse aggravation, ne sommes-nous pas fondé à repousser, avec un éloquent orateur, cette accusation banale que l'on adresse sans cesse aux propriétaires de vignes : « Eh quoi! vous vous plaignez de votre situation, et vos produits sont hors de prix ? — Nous nous plaignons précisément à cause de cette exagéra-

tion des prix, dont nous ne profitons pas et qui,
dans les villes, arrête l'écoulement de nos
produits ; car entre l'acheteur et le vendeur,
interviennent l'état et les villes, intermé-
diaires avides qui dévorent à eux deux le
bénéfice du propriétaire.

Eh ! que l'on ne pense pas que Paris soit la
seule ville de France où les vins et les eaux-de-
vie soient traités avec autant de rigueur par
les octrois. « On est frappé, dit M. le marquis
» d'Audiffret, dans son excellent livre sur le
» budget, de l'exagération des droits locaux,
» et de l'obstacle continuel qu'ils opposent
» aveuglément à la satisfaction des intérêts les
» plus chers du pays, en considérant que les
» quatorze ou quinze cents communes au-
» jourd'hui placées sous le régime de l'octroi,
» et qui en obtiennent un revenu de 78 mil-
» lions, exigent plus de 26 millions des pro-
» duits de nos vignobles, c'est-à-dire au moins
» le tiers de leurs contributions municipales,
» et plus de la moitié de la somme reçue par
» le Trésor sur la matière imposable. — Les

» préoccupations locales, dit M. de Lagrange
» avec non moins de vérité, étouffent la natio-
» nalité. Le patriotisme municipal a fait oublier
» que nous sommes un seul peuple, une
» même famille; nous avons relevé autour
» de nous les barrières et les douanes du
» moyen-âge. »

En effet, toutes les villes du nord et de
l'ouest traitent nos produits ni plus ni moins
que s'ils venaient d'un pays ennemi. En 1843,
on compte 450 villes ou communes où les vins
paient des droits d'octroi exagérés, gros-
sis encore par les surtaxes et les décimes.
Ainsi, par exemple, dans plusieurs villes
du nord où le droit d'octroi a été porté à 8,
9 et 10 francs l'hectolitre, on est parvenu, à
l'aide du raffinement fiscal appelé *surtaxe*,
à le doubler, et enfin, comme si ce n'était
pas assez, au moyen du décime, on le grossit
encore de 10 pour 100. Comment est-il possible que les propriétaires de vignes puissent
lutter contre une ligue financière ou fiscale si
formidable, qui saisit leurs produits dans leurs

caves, qui les traque sur les grandes routes,
qui les arrête aux portes de tous les grands
centres de consommation? — Ils ne luttent
plus, ils meurent d'épuisement !

Des esprits forts, il est vrai, se sont mis à
tourner en dérision les souffrances des propriétaires de vignes; c'est chez eux un parti
pris, dont ne les feront pas dévier les meilleurs
raisonnemens du monde. Ecoutez M. Lanquetin, membre du conseil général de la Seine; il
vous dira bravement que l'exagération du droit
d'octroi n'influe en rien sur la consommation
du vin dans l'intérieur des villes, et partant
que les dégrèvemens seront sans résultat:
nous citerons, nous, vingt exemples concluans
qui démontrent le contraire ; puis il ajoute :
« La suppression du droit d'octroi et par suite
» la diminution du prix du vin dans la pro-
» portion d'un quart ou même d'un tiers n'en
» feraient pas boire une bouteille et demie à
» celui qui est habitué à se contenter d'une
» bouteille. » Soit. Il est bien certain que chez
les classes aisées l'abaissement des droits d'oc-

troi n'augmentera pas leur consommation ; les douze maires de Paris ne boiront pas une bouteille de plus à leur repas alors que le vin aura diminué de moitié ; mais les 300,000 artisans de cette capitale qui pendant la plus grande partie de la semaine se privent de vin à cause de sa cherté, et qui boivent ou de l'eau ou des liqueurs frelatées ou des mixtions d'eau-de-vie de grain, n'accroîtront-ils pas rapidement la consommation, lorsqu'ils pourront se procurer à des prix raisonnables des vins purs, naturels et bienfaisans ? Le simple bon sens répondra oui. Le *Journal des Débats* dit non ; et à ce propos il tance vertement les propriétaires de vignobles : « Produisez à bon mar» ché, diminuez vos prix, leur dit-il, et vous » verrez que la consommation de vos produits » augmentera. » Mais c'est impossible, lui répondent les propriétaires, non de Suresnes, mais du Midi, qui récoltent d'excellentes qualités ; nous livrons nos vins au commerce à 5, 6, 7, 8 fr. l'hectolitre (entendez-nous bien 6 à 8 c. le litre), et lorsque ces vins livrés à si bas

prix, nous dirions même à perte, si nous vous
savions tant soit peu compatissans, sont arrivés
à vos barrières, vous leur faites subir, grâce
à votre éminente dextérité fiscale, des droits
de 20 fr. 35 c. par hectolitre, c'est-à-dire que
d'un seul coup de votre baguette magique vous
triplez et quadruplez notre prix de vente.
C'est donc à vous qu'il faut dire : « Diminuez
» vos droits. » Dans la position que vous nous
avez faite, la matière première c'est l'accessoire ; le droit, c'est le principal ; voilà pourquoi les falsifications, la fraude, sont si actives,
si triomphantes au sein de la capitale. Si, au
contraire, vous faisiez du droit l'accessoire,
les fabriques intérieures de vin cesseraient leur
infâme trafic ; les classes laborieuses augmen-
teraient leur consommation ; les cultures de
vignes anormales disparaîtraient ; le prix mar-
chand du vin naturel s'améliorerait et partant
les producteurs cesseraient de n'avoir que leur
ruine pour toute perspective.

Des objections plus sérieuses, il est vrai,
nous sont adressées : « Les propriétaires de

» vignes, nous disent quelques hommes spé-
» cieux, en demandant la suppression des droits
» d'octroi, ou du moins en réclamant une ré-
» duction notable dans leur tarif, ignorent sans
» doute que les octrois sont aujourd'hui la
» principale ressource des villes épuisées par
» notre système de centralisation ; ils ignorent
» que sur les 80 millions, produit total des
» octrois en France, les vins en paient le tiers
» environ, soit 26,000,000 ; ils ignorent enfin
» la grave perturbation qu'occasionnerait la
» suppression d'une telle somme dans les
» finances municipales. Leur unique soin est
» de se débarrasser d'un impôt qui les gêne,
» sans s'occuper du résultat, sans s'inquiéter
» s'il serait facile ou non de le remplacer. »

Voici notre réponse :

Les propriétaires de vignes n'ignorent rien de ce qui touche à leur situation, soit directement, soit indirectement ; ils ne se laissent aveugler ni par leurs souffrances, ni par leur égoïsme ; ils ne veulent le triomphe de leur cause aux dépens d'aucun intérêt ; mais ils étudient tous les élémens de leur procès et repoussent par des faits les accusations banales de leurs détracteurs.

Est-il vrai que l'exagération du droit qui pèse sur les vins à l'entrée de certaines villes soit profitable à leurs caisses municipales? — Non du tout, et nous le prouvons.

D'après les documens officiels, il demeure démontré que dans les villes où les droits d'entrée s'élèvent de 1 fr. 20 c. à 4 fr. 80 c. par hectolitre, on ne consomme que 256,252 hectolitres de vin par année, et que le droit qui s'y perçoit ne dépasse pas 305,497 fr.: tandis que dans les villes où ces droits varient de 60 c. à 1 fr., la consommation arrive à 5,939,000 hectolitres, et les sommes encaissées s'élèvent à 4,907,000 fr. Ainsi, il faut en convenir, ce ne sont pas les fortes taxes qui assurent les plus grosses recettes.

Voici maintenant le corollaire de cette preuve, c'est un ancien administrateur qui nous le fournit, et personne ne le récusera lorsque nous aurons cité le nom de M. Millot.

Dans les villes du nord, où le droit d'entrée prélève 3 centimes par litre, la consommation du vin n'est que de 84 litres par habitant; dans celles du centre où la taxe s'abaisse à 2 c., la consommation fait plus que doubler. elle s'élève à 167 litres par individu: enfin, dans les villes du Midi où le droit est réduit à 1 c., chaque habitant absorbe 177 litres de vin pour sa consommation annuelle. En présence de tels faits si patens, si concluans. nous n'avons rien à ajouter, et nous défions nos adversaires les plus acharnés. M. Lanquetin lui-même, de nous réfuter victorieusement. Oui, partout et toujours le bon marché accroît la consommation; oui, partout et toujours les petites taxes sont plus profitables que les grosses, aux villes comme aux gouvernemens.

Nous dirons donc aux maires et aux conseillers municipaux de ces villes si mal administrées, révisez vos tarifs. examinez quels sont les objets ou les denrées qui pourraient être soumis à l'octroi et qui en sont encore affranchis: comparez ce qui se fait ailleurs. ré-

partissez vos droits modérément, équitable-
ment entre tout ce qui se consomme; mais surtout ne repoussez pas une boisson salutaire,
bienfaisante, qui, étant hors de la portée du
plus grand nombre, devient pour les basses
classes un objet de convoitise et une cause de
désordre. L'artisan du Midi est sobre, il ne
s'enivre jamais, parce que le vin est sa boisson
habituelle; l'artisan du nord attend impatiem-
ment le jour où il pourra se livrer à l'orgie,
parce que le vin est rare chez lui. L'homme
est ainsi fait: il n'aspire ardemment à possé-
der que ce qui est hors de sa portée. Offrez
un jour du pain blanc de Paris au paysan Bas-
Breton, qui ne se nourrit que de pain noir, il le
dévorera à s'en rendre malade; l'ouvrier pa-
risien n'en mange qu'à son appétit.

Cette révision des tarifs d'octroi amènerait
les plus heureux résultats. Si toutes les villes
de France se les communiquaient les unes aux
autres, elles y puiseraient d'utiles enseigne-
mens, elles rectifieraient beaucoup d'erreurs,
et donneraient à leurs taxes un caractère de

généralité et de proportionnalité qui leur manque ordinairement. Ainsi, Versailles jugea à
propos, il y a quelques années, d'élever au
plus haut ses droits d'octroi sur les vins, et
les recettes diminuèrent. Pendant ce temps, la
marée, l'huile, le bois, les divers matériaux
entraient libres et francs de droits ; les veaux
ne payaient à ses barrières que 2 fr. par tête,
tandis qu'à Rouen ils paient 5 fr. 50 c.; à
Lyon 6 fr., à Marseille 10 fr.; son tarif présentait mille autres anomalies que nous nous
abstiendrons de citer. La révision des tarifs
de toutes les villes de France ferait donc découvrir des moyens de substitution faciles qui
combleraient sans secousse, sans injustice les
modifications que nous demandons.

En 1830, Marseille jugea à propos de faire
disparaître entièrement de son tarif d'octroi
les farines et les biscuits de mer, dont les
droits lui produisaient 500,000 fr. par an; sur
un budget de 1,700,000 fr., c'était une diminution de recette du tiers environ qu'elle s'im-
posait. Eh bien! grâce à une nouvelle répar-

tition, les recettes communales ne s'en ressentirent pas : et aujourd'hui nous voyons le budget de cette ville s'élever au chiffre très respectable de 2,500,000 fr. Narbonne, depuis douze ans, a affranchi les vins de tout droit d'octroi, et ses finances n'en vont pas plus mal pour cela. Pourquoi ces exemples ne seraient-ils pas imités? Pourquoi les villes qui ont si odieusement violé la loi de 1816, en surchargeant outre mesure les produits vinicoles, ne reviendraient-elles pas à de meilleurs sentimens, n'adopteraient-elles pas un système de modération plus favorable à leurs intérêts? C'est ce qui arrivera sans doute lorsque les anomalies que nous venons de citer, et qui ne sont pas les seules, seront mieux connues. Dans l'intérêt de tous, nous désirons vivement cette réforme.

Pour nous, aujourd'hui, il nous suffit d'avoir démontré que les droits d'*entrée* augmentant en raison de la population, et les taxes d'octroi frappant les grands centres de consommation, ont produit une conséquence inverse de celle que l'on avait espéré réaliser. Trop fortement atteinte par l'impôt, la denrée s'écoule avec lenteur. C'est dans les lieux où la population est agglomérée qu'il importe d'en favoriser le placement, car c'est là que l'on peut espérer un débouché important. Si l'on affaiblit la taxe dans les localités où les consommateurs sont en petit nombre, pour la rendre très lourde dans les grands centres de population, on viole les premiers principes de l'économie politique, et on arrive à ce déplorable résultat du système actuel, qui consiste à priver de vin une partie de la France, tandis que l'autre en est encombrée.

L'exagération seule des taxes cause notre malheur. Convaincus de cette vérité, nous devons donc toujours repousser avec force cet argument du fisc : *Vous avez trop planté ! vous produisez trop !*

CHAPITRE II.

Décroissance de la culture. — Détresse des propriétaires vinicoles — Nécessité d'une réforme.

Ainsi que l'a établi le Mémoire émané du
Comité central des délégués, l'augmentation
de la production n'est pas la cause de la réduction des prix. Dans un demi-siècle, cette augmentation n'a pas même suivi le mouvement
de la population (1). L'accroissement d'un

---

(1) En 1788, la culture de la vigne occupait 1,572,920 hectares. En 1829, suivant le rapport au roi de M. le comte de
Chabrol, le chiffre des vignobles s'élevait à 2,017,667 hecta-

1

quart en sus, qui s'est opéré durant cette période, a atteint son terme en 1837. Depuis lors,
un mouvement notable de décroissance s'est
manifesté dans la culture et dans la production.

---

res; mais d'après une évaluation plus précise, dont les détails officiels sont consignés dans le quatrième volume de la
Statistique générale, on voit que la vigne occupe seulement
1,972,340 hectares, c'est à dire 390,414 de plus qu'il y a un
demi siècle. De 1804 à 1808, la moyenne de la production
constatée par l'inventaire était de 33 millions 500 mille hectolitres; la statistique officielle l'évalue maintenant à 36 millions 900 mille hectolitres; pour la seule année de 1840,
l'administration la porte à 42 millions d'hectolitres.

La culture de la vigne est loin d'avoir suivi le mouvement
d'extension donné à d'autres cultures. En effet, de 1815 à
1835 seulement, la récolte générale en France s'est accrue
de près des trois quarts. Ainsi les terres à blé, qui avaient
rapporté 39,450,971 hectolitres de froment, en ont produit
71,697,488 en 1833. Le seigle, de 19,678,595 hectolitres, s'est
élevé à 32,996,950, et enfin les pommes de terre de 21,597,945
hectolitres, sont parvenues à donner 71,982,811 hectolitres.

L'accroissement de production de la vigne n'a donc rien
d'anormal, ainsi que nous venons de le démontrer; il n'est
pas même en rapport avec celui de la population, qui de 25
millions, s'est élevée à plus de 34, depuis la fin du dernier
siècle. *Question vinicole. — Comité central des délégués.*

Le nombre d'hectares plantés en vignes, qui était de 2,134,822, en 1837, est descendu, en 1841, à 1,972, 340, et la production générale qui offrait un total de 40,000,000 hectolitres, en 1837, n'a été que de 36,783,232 hectolitres, en 1841. Ainsi, avant 1837, la culture de la vigne et la production, en se développant, n'ont pas suivi une marche proportionnelle à l'accroissement de la population ; de 1837 à 1841, la progression a été décroissante.

Comment pourrait-il en être autrement? Depuis dix ans, les propriétaires de vignes font entendre les plaintes les plus sérieuses sur leur position. Dans la Gironde, les vignobles rouges présentent un déficit de 7,944,933 fr.; et les vignobles blancs, une perte de plus de quatre millions. Les propriétaires de la Haute-Garonne ont prouvé que la culture d'un hectare de vignes revenant, terme moyen, à 81 fr. 35 c., ne rapporte que 84 fr. 50 c., c'est-à-dire 3 fr. 15 c. pour intérêts d'un capital de 700 fr., prix d'un

hectare en plein rapport. Les mémoires justi-
ficatifs des dépenses et produits des vignobles
du Cher, des Bouches-du-Rhône, de la Côte-
d'Or, du Beaujolais, de Seine-et-Oise, donnent les mêmes résultats. Mais ces simples
énoncés ne suffisent pas pour porter la conviction dans les esprits ; il faut des preuves
frappantes, des comptes de revient. Nous allons
les fournir ; c'est à l'aide de documens ré-
cens et irrécusables que nous nous proposons
de faire connaître la condition actuelle des
propriétaires de vignes.

Nous allons opérer sur un vignoble de 20
hectares, appartenant à la classe moyenne, à
celle qui fournit nos vins ordinaires du Midi.

D'après une note consignée dans le rapport
de M. Viger, les travaux préparatoires d'un
hectare de vigne reviennent à 1,000 fr. Pour
20 hectares, ces travaux coûteraient donc
20,000 fr. ; mais à ces frais il faut encore ajouter les dépenses accessoires, nécessaires pour
loger le vin récolté sur 20 hectares. Ces renseignemens qui nous sont fournis par la com-

mission vinicole de Narbonne présentent les résultats suivans :

Construction des caves . . . . fr.		5,000
Etablissement (fer . . . . 500 f.)		
des foudres, (Bois et main-d'œuvre. 1,500 (		2,000
Achat d'une cuve		300
Id. d'un pressoir.		600
Id. d'un fouloir à cylindre		220
Id. de cinquante comportes		150
A ajouter les travaux de première culture établis ci-dessus		20,000
TOTAL . . . . fr.		28,270

Voilà donc une dépense de **28,270** fr. qui est faite avant que la vigne ait produit une seule grappe de raisin. Après quatre ans, la vigne commence à rapporter. La production moyenne des vignes de la France est évaluée à **20** hectolitres par hectare. Quelques terrains donnent beaucoup plus; mais on ne peut établir un bon calcul qu'en le basant sur une moyenne. Dans ces conditions, le chiffre de **20** hectolitres est le plus rapproché de la vérité, bien que, pour plusieurs agronomes, il semble exagéré.

D'après cette base, la production moyenne de 20 hectolitres par hectare donnera donc, pour un domaine de 20 hectares, une récolte de 400 hectolitres; et, en calculant l'hectolitre à 6 fr., on aura une recette de . . . . . . fr. 2,400

Produit des marcs et des sarmens 400

TOTAL. 2,800

Mais de cette somme il faut extraire :

1º Le prix payé pour les frais d'exploitation, qui ne peuvent pas être portés à moins de 60 fr. (1) par hectare, soit, pour 20 hectares, ci.. 1,200 f.

2º Les frais de provignage, de taille, de vendanges, de foulage, de décuvaison, lesquels frais ne peuvent être évalués à moins de 25 fr. par hectare, soit, pour les 20 hectares, ci 500

3º Impositions à 10 fr. l'hectare. . . 200

4º Les intérêts de 28,270 fr., capital primitif engagé pour le défoncement et l'exploitation des vignes, et pour les ustensiles, à 5 pour 100, ci. 1,413

5º Intérêt du prix d'achat de la terre, calculé à raison de 1,500 fr. l'hectare, soit 30,000 fr. à 5 pour 100, ci. . . . 1,500

TOTAL à déduire. . . 4,813 ci, 4,813

Les dépenses excédant les recettes, la perte annuelle pour le propriétaire est de . . . . . fr. 2,013

---

(1) La culture à bras coûte environ 100 fr. par hectare.

Ainsi, avec cette perte annuelle de 2,013 fr.
il est incontestable que notre propriétaire
marche d'un pas rapide à sa ruine. C'est le
sort du plus grand nombre. Cependant cette
ruine n'est pas aussi imminente que le proclame notre compte de revient, une portion
notable de la propriété, comme on sait, se
transmettant par héritage. Les travaux de première exploitation, les achats d'ustensiles, la
construction des celliers, etc., ont été supportés
par le propriétaire primitif ; les détenteurs actuels ne les comptent pas ; car ils n'ont réellement à se couvrir que des frais de culture,
des impositions etc.; de telle sorte que faisant
abstraction, dans leur supputation patriarcale,
du capital engagé, ils composent leur revenu
de la différence que présentent les recettes
sur les dépenses. Ainsi, pour le cas qui nous
occupe, distrayons des dépenses le service du
capital engagé, soit 2,913 fr.; les frais de
culture et autres ne s'élèvent qu'à 1,900 fr.,
lesquels déduits de 2,800 fr., produit de la
vente des 400 hectolitres, donnent un revenu

de 900 fr. Cinquante-huit mille francs engagés ne fournissent donc que 1 et 1/3 p. 0/0 d'intérêt, car ces 900 fr. n'entrent pas entiers dans la poche du propriétaire; ils sont quelque peu ébréchés par les réparations locatives et l'entretien des ustensiles.

Eh bien! ce misérable résultat est la condition la plus heureuse des propriétaires. Obtenir pour une propriété patrimoniale, établie au capital de 58,000 fr., et en échange de soins nombreux, d'une surveillance active, une rente de 900 fr., ou plutôt un intérêt de 1 et 1/3 p. 0/0 sur le capital engagé, c'est là le beau idéal de la position des propriétaires de vignes. Beaucoup aspirent à s'y trouver, bien peu y parviennent. Maintenant, qu'il survienne une mauvaise année, et que l'on soit obligé d'emprunter à 6 et 8 p. 0/0, taux modéré de la plupart des emprunts de nos contrées, alors sous cette double et fatale influence des deux capitaux, si inégalement rémunérés, tout l'édifice est renversé. Recevant peu pour le capital engagé, donnant beaucoup pour le capital prêté, le propriétaire voit sa ruine marcher, s'accroître comme le carré des vitesses.

A la place de ce propriétaire patrimonial, mettez un acquéreur nouveau qui, pour conquérir ces vingt hectares, emprunte, non pas la totalité, mais une faible portion du capital engagé, sa perte est tout aussi sûre et peut être mathématiquement calculée, en raison directe de la somme qu'il aura été obligé d'emprunter pour fonder son entreprise.

Eh! qu'ici, l'on ne nous taxe pas d'exagération; que l'on ne dise pas que ces comptes sont faits à plaisir; il n'est pas un seul arrondissement vinicole de France où nous n'eussions à citer vingt exemples de ce genre et de pires encore. A la séance de la Chambre des pairs du 29 mai dernier, M. Decazes n'a-t-il pas prouvé que les terrains nouvellement défrichés et convertis en vignes ne fournissaient pas même un revenu suffisant pour couvrir le montant des impositions? Nous nous sommes donc tenus dans de moyens termes. D'ailleurs, cette situation si digne de pitié, que nous venons de tracer, n'est-elle pas justifiée par l'accroissement annuel de la dette hypothécaire de la France? En 1832, cette dette ne s'élevait qu'à 11,282,000,000 fr.; en 1842, les documens officiels l'ont portée à 12.460,000,000 fr.; dans l'espace de ces dix dernières années elle s'est donc accrue de 154,000,000 fr. par an. C'est affreux à penser! Toute la propriété foncière, il est vrai, se trouve comprise dans ce mouvement; mais d'après des recherches spéciales, il a été reconnu que les départemens vinicoles sont plus fortement atteints de cette lèpre que ceux où la vigne ne fait pas partie de la culture. Ainsi la dette hypothécaire de la Gironde s'élève à 325 millions, tandis que la moyenne pour les autres départemens n'est que de 110 millions; et dans le seul arrondissement de Narbonne elle figure pour 24 millions, non compris la dette chirographaire que la commission vinicole porte à plusieurs millions.

Cette déplorable situation n'est-elle pas la conséquence de nos prémisses? La vigne ruine son propriétaire. Aussi, en présence de souffrances si réelles, le roi n'a pu s'empêcher de dire aux délégués de la Gironde, qui étaient venus lui exposer la détresse de leurs commettans : « Je reçois, Messieurs, avec intérêt les » manifestations exposées dans votre adresse; » j'y vois une impression de souffrance qui af- » flige mon cœur, et je vous promets mes ef- » forts pour porter secours à ces contrées si » malheureuses. » Voilà les paroles textuelles du Roi, prononcées le **22** janvier dernier. Depuis, qu'ont fait les ministres pour remédier à cette situation, pour justifier et valider une si haute sympathie ? Rien.

Attendre, toujours attendre ; tel est notre sort !

Maintenant, à côté de ce tableau triste, affligeant, douloureux, mais hélas ! trop rigoureusement vrai, opposons la riante et mensongère églogue de M. Lanquetin :

Il n'est personne qui, ayant parcouru récemment les vignobles de la France, n'ait eu l'occasion de remarquer que sur presque tous les points on plante beaucoup plus qu'on n'arrache. Ne faut-il pas forcément en conclure que

la culture de la vigne présente encore plus d'avantages que
la culture des céréales? Douze années consécutives de récoltes, généralement abondantes, ont amené, dans le midi
de la France surtout, des prix très bas, il est vrai, pendant
qu'à de très faibles exceptions près, ils se sont soutenus à
un cours assez satisfaisant dans les autres vignobles ; eh
bien, cela n'a pas empêché que les grands propriétaires
des environs de Béziers et de Narbonne n'aient continué
jusqu'à présent d'insérer dans les baux qu'ils ont faits ou
renouvelés à leurs fermiers, la condition expresse de planter
de vignes des hectares entiers de terre labourable. Donc,
encore une fois, la culture de la vigne est plus productive
que celle des céréales, puisqu'on choisit de préférence la
première.

Non, quelques efforts que nous ayons faits
pour comprimer notre sentiment, nous n'a-
vons pu lire, sans indignation, des assertions si erronées, des mensonges si effronté-
ment entassés, pour donner le change à
l'opinion publique ! Non, M. Lanquetin, vous
n'avez pas parcouru le midi de la France ;
non, vous n'avez pas fait une enquête sérieuse
sur ce qui s'y passe ; car ni les faits que vous
auriez recueillis, ni les renseignemens que

l'on vous eût donnés ne vous auraient amené à produire des allégations aussi monstrueusement fausses que celles que vous avez avancées. La statistique officielle vous dit et vous prouve que depuis 1837 la culture de la vigne décroît au lieu d'augmenter; *on arrache donc beaucoup plus qu'on ne plante !* Si vous eussiez pris place au sein d'un Comice agricole, tout le monde vous aurait dit et prouvé, comme nous le faisons au commencement de ce chapitre, que la condition des producteurs de céréales est relativement meilleure que celle des propriétaires de vignobles; enfin, si vous eussiez consulté quelques personnes considérables des endroits que vous prétendez avoir visités, elles vous auraient dit ce qu'elles nous écrivaient récemment :

On ne peut vendre les vignes à aucun prix; on ne trouve aucun acquéreur, par la raison qu'au prix où les vins sont tombés, les produits de la récolte ne suffisent pas, bien s'en faut, pour couvrir les frais d'exploitation. On trouverait tout au plus à vendre les vignes des première et deuxième classes, pour destiner le sol à tout autre culture. Mais si l'état actuel des choses ne change pas, si le gouvernement ne porte pas un prompt remède aux souffrances de l'industrie vinicole, les vignes des troisième, quatrième et cinquième classes seront successivement arrachées; les terrains sur lesquels elles avaient été plantées redeviendront impropres à toute espèce de culture, et ne pourront servir qu'à la dépaissance des troupeaux. Il en résultera des pertes immenses pour l'état, qui ne pourra percevoir l'impôt que sur des terres vaines et vagues; mais la perte pour la petite propriété, qui avait défriché ces terres à grands frais, sera encore plus grave, plus générale et plus funeste dans ses résultats, en ce qu'une foule de familles pauvres ne pourront plus trouver leur subsistance dans la culture des propriétés qu'elles avaient conquises depuis quarante années dans les terrains les plus arides de nos coteaux et de nos montagnes.

Maintenant, citez un bail sans nom et sans date, pour prouver que l'on plante beaucoup plus qu'on n'arrache! Libre à vous! nous hausserons les épaules, et prendrons en pitié votre misérable argutie! Mais nous vous défions de rapporter un seul bail authentique, enjoignant l'extension de la culture de la vigne, passé depuis deux ans, dans l'un des départemens vinicoles du midi de la France ; votre silence fera raison de notre défi. D'ailleurs, que prouve ce qui se passe sur un seul point de la France ? Rien. Lorsqu'on veut réellement éclairer une question, c'est l'ensemble qu'il faut voir ; c'est là que se trouve la vérité. Or, la vérité, c'est que depuis cinq ans l'industrie vinicole subit un mouvement de décroissance très marqué ; c'est que même aux époques les plus favorables, alors qu'obéissant à l'exaltation du moment on plantait dans certaines contrées, on arrachait dans d'autres. Pour éclairer ce point important, si bien obscurci par la chicane, nous allons prendre la période de trois années qui suivit la récolte de 1827, l'une des plus heureuses. Ce fut l'époque où le mouvement favorable aux plantations se manifesta avec le plus d'ardeur ; ce fut l'époque où l'on planta, dans le département de l'Aude, près de 9,000 séterées, et dans l'Hérault près de 17,000 !

Mais pendant que ce mouvement d'extension s'opérait dans l'Aude et dans l'Hérault, voici ce qui se passait dans les départemens où la vigne a le plus d'importance.

Dans la Charente-Inférieure, où l'on compte 105,000 hectares de vignes (l'Aude n'en compte que 51,079), on plantait, en trois années, 300 hectares, on en arrachait 300.

Dans le Gers, d'où nous viennent toutes les eaux-de-vie que l'on désigne sous le nom d'eaux-de-vie d'Armagnac; dans le Gers, où la culture de la vigne s'étend sur une surface d'un tiers plus considérable que celle de l'Aude, on plantait 40 hectares de vignes, on en arrachait 150.

Dans le Lot-et-Garonne et la Dordogne, qui offrent une étendue collective de 141,000 hectares de vignes, on ne plantait rien, on n'arrachait rien.

Dans le Loiret, où la culture s'élève à près de 40,000 hectares, on ne plantait rien, on arrachait 771 hectares.

Dans le bassin de la Saône et sur les coteaux de la Bourgogne, où l'on récolte des vins justement célèbres, la culture restait stationnaire. En Champagne et dans les Pyrénées-Orientales, dans les vallées du Rhône, de la Drôme et de la Nièvre, même résultat.

L'Aude, l'Hérault, la Charente et les environs de Paris furent les seules contrées où les plantations s'étendirent beaucoup à cette époque. Le mouvement de recul, dans la culture de la vigne, fut au contraire très marqué dans trois départemens du Midi.

C'est ainsi que, dans la Gironde, où l'étendue cultivée en vignes est cinq fois plus considérable que dans l'Aude, on ne planta rien, on arracha 300 hectares.

Dans le Gard, où la superficie des vignobles est presque de 40,000 hectares, on ne planta rien, on arracha 771 hectares.

Enfin, dans le département de Vaucluse, où l'étendue de terrain cultivé en vignes se trouve, avec celle de l'Aude, dans le rapport de 37 à 51, on planta 1,800 hectares, on en arracha 2,400!

Le calcul général, pour toute la France, à

la même époque, offre une balance à peu près exacte entre le nombre d'hectares plantés et celui des hectares arrachés. Le premier chiffre n'offre sur le dernier qu'un excédant de mille hectares, ce qui est bien peu de chose, en présence du mouvement ascensionnel de la richesse publique et du débouché nouveau que l'Algérie allait ouvrir à nos produits.

Malheureusement le système économique suivi à cette époque, et continué depuis, a été loin de suffire aux besoins de notre culture. Au lieu de favoriser une industrie vitale pour le pays, toutes les lois semblent avoir eu pour objet de l'étouffer. Autour de nous, tous les débouchés se sont fermés, toutes les révisions de tarifs ont été opérées contre nos intérêts.

L'Angleterre a favorisé les vins du Portugal au détriment des vins de France; la Sardaigne et le Zollwerein ont élevé autour de nous une nouvelle muraille de la Chine; la Hollande et la Belgique ont fait des concessions dérisoires, inefficaces; enfin, tout récemment encore, les États-Unis ont porté si haut leur tarif, que le droit actuel équivaut à une prohibition absolue (1).

Eh bien ! malgré la multiplicité des entraves, malgré la rigueur du fisc, malgré les taxes accablantes qui nous oppriment, nous pouvons dire encore : — Nous ne produisons pas trop, puisque tous les produits récoltés se consomment. Ils se vendent mal, ils se vendent à un prix qui nous rend la production onéreuse, mais ils se vendent. Et non seulement tous les produits récoltés se consomment, mais encore la falsification qui s'étend et se propage, à l'ombre même des octrois, la falsification trouve dans les cités manufacturières et à Paris surtout une clientèle nombreuse qui assure le placement de ses fabrications.

---

(1) Un chargement d'eau-de-vie, d'une valeur de 100,000 fr. paie, en arrivant aux États-Unis, un droit de 200,000 fr. ; et, comme les vins, dans ce pays, ne jouissent pas du bénéfice de l'entrepôt, cette somme énorme doit être versée avant le débarquement. — Les droits dont l'Angleterre a frappé nos produits ne sont pas moins exorbitans. — Une barrique d'eau-de-vie achetée 150 fr. à un propriétaire de Cognac, se vend à Londres de 1,800 fr. à 2,000 fr.

Nos produits naturels se consomment aussi bien que les produits falsifiés. La production n'est donc pas excessive, et la culture n'est pas si étendue qu'il faille la restreindre en arrachant nos vignes. Admettez la liberté d'entrée et de circulation; ouvrez aux produits de la vigne les départemens de la France où le vin n'arrive qu'après avoir acquitté des taxes énormes, et vous verrez que notre production, loin d'être exagérée, pourra à peine suffire aux besoins de la consommation. Que serait-ce donc si les barrières de douane s'abaissaient, si nous pouvions envoyer nos produits sur tous les marchés d'Europe et d'Amérique? Sans aucun doute ce serait là une révolution complète pour notre industrie, une révolution bienfaisante qui, en consacrant les vrais principes, ferait naître le bonheur et la richesse dans les contrées du Midi, si maltraitées par la législation actuelle.

Une réforme complète de notre législation fiscale et économique peut seule amener ce résultat. Eh! cette réforme n'est pas seulement

nécessitée par nos souffrances, par le besoin
de mettre un terme à une crise douloureuse ;
cette réforme est juste ! La constitution, en
proclamant l'égalité des charges, a consacré
nos droits.

Pour résoudre la question vinicole, il faut
l'embrasser dans son ensemble, et non la tourner en essayant de guérir un mal profond
par des palliatifs. On croit beaucoup trop à
l'efficacité des demi-mesures, des modifications partielles ; on se laisse beaucoup trop
entraîner vers cette pente ; il faut désormais
s'engager dans une autre voie.

La suppression des droits d'octroi ;
La réforme de l'impôt indirect ;
L'abolition des droits réunis ;
La révision des tarifs de douane :
Voilà quel doit être le but de nos efforts.
On peut le résumer en deux mots :
A l'intérieur : droit commun ;
A l'extérieur : liberté.
Pour montrer combien les solutions par-

tielles seraient impuissantes, nous allons citer un exemple bien frappant.

Beaucoup de personnes croient que le malaise de l'industrie vinicole provient surtout des droits excessifs que nos vins paient à l'octroi de Paris; il leur semble qu'une diminution de ces droits suffirait pour résoudre la question. Eh bien! c'est là une erreur très grave. Nous sommes loin de méconnaître l'importance d'un marché où s'écoulent annuellement 2,000,000 d'hectol. de vin; nous sommes loin de méconnaître l'influence que ce marché exerce sur les prix ; mais nous ne pouvons croire que l'agrandissement de ce marché, par les réductions de droits proposées, pût modifier la situation actuelle au point de guérir nos souffrances et de faire succéder une ère de prospérité à une longue période de détresse. Nous voyons, en effet, que les vins se sont vendus beaucoup mieux qu'aujourd'hui à des époques où les droits d'octroi et d'entrée, à Paris, dépassaient, ou au moins égalaient, ceux que l'on perçoit actuellement. Depuis 1809, les droits ont toujours dépassé 20 fr. Aujourd'hui ils sont à 20 fr. 35 c.; de 1816 à 1818, ils s'élevèrent à 28 fr. 05 c.; de 1819 à 1822, ils étaient à 26 fr. 40 c.; de 1823 à 1830, ils étaient à 23 fr. 10 c., et cependant, sous l'influence de ce régime, le vin obtenait un prix triple ou quadruple de celui d'aujourd'hui. Il faut donc que d'autres causes aient concouru à la dépréciation des prix. Ces causes sont : les entraves fiscales, le développement du commerce de falsifications, l'élévation des tarifs de douane, et l'augmentation du nombre des fabriques où l'on fait de l'eau-de-vie avec du grain, de la pomme de terre, des mélasses de betterave, etc. L'ouverture du marché de Paris, opérée sur une grande échelle, tuerait la falsification et pourrait donner un débouché qui varierait de 500,000 à 1,000,000 d'hectolitres ; mais les tarifs protecteurs subsisteraient toujours ; la circulation des vins à l'intérieur resterait entravée, et les eaux-de-vie de mélasse supplanteraient encore nos 3/6 sur tous les marchés.

Une réduction de droits à Paris serait un bienfait, un premier pas vers la réforme que nous désirons tous; mais ce bienfait, quelque précieux qu'il soit, ne mettrait pas un terme à nos maux. Le marché de Paris ne peut suffire à nos produits; il leur faut l'ouverture des marchés intérieurs où se pressent les populations manufacturières; il leur faut aussi des débouchés à l'extérieur. Jusqu'à ce que tous ces dégrèvemens et tous ces débouchés soient obtenus, le même malaise se fera sentir.

Le débouché des villes manufacturières du nord aurait pour l'industrie vinicole une grande importance, parce que le climat y détermine une consommation considérable de spiritueux, tandis qu'on n'en boit que très peu dans le Midi. Ainsi, à Montpellier, où les droits sur les spiritueux sont de 10 fr., la consommation moyenne n'est que de 30 centilitres par tête, tandis qu'à Rouen, malgré un droit d'octroi de 28 fr. 25 c., la consommation par tête est de 8 litres 90 centilitres ; à Brest où le droit d'octroi est de 25 fr., la consommation par tête est de 8 litres 20 centilitres. De tous ces faits, il faut conclure que si les entraves qui mettent obstacle à l'entrée des vins et des eaux-de-vie dans ces divers centres de consommation étaient levées, nous y obtiendrions un débouché très important. La concurrence que les distilleries de mélasse pourraient nous faire sur ces marchés serait bien atténuée par l'excellence même de nos produits. Une lutte s'établirait dans le principe, ce n'est pas douteux ; mais, après quelque temps, la victoire nous resterait. Les fabriques d'eau-de-vie de grain ont pris naissance dans les lieux où la vigne n'était pas cultivée, dans quelques départemens du nord de la France, en Belgique et en Angleterre. Le jour où la liberté intérieure et extérieure des échanges permettrait à nos produits de pénétrer dans ces contrées, on verrait l'eau-de-vie de vin s'y substituer aux eaux-de-vie de grain et de mélasses de betterave, dont la qualité est très inférieure.

Les solutions partielles sont donc impuissantes pour guérir les souffrances de la propriété
vinicole. Le mal est trop général, trop vif,
trop profond pour qu'une amélioration légère
puisse en atteindre la racine et réagir d'une
manière bienfaisante sur l'ensemble de la production. Une réforme complète de l'impôt indirect et du régime des octrois peut seule y
parvenir pour l'intérieur, et c'est vers ce but
que doivent tendre les efforts de tous les
hommes qui prennent quelque intérêt à la situation déplorable où l'industrie vinicole se
trouve placée ; c'est le seul moyen de rendre
cette industrie prospère et de la régénérer.
Nous conjurons les propriétaires de vignes de
bien se convaincre que leur seul espoir est là;
nous les conjurons de demander cette réforme
avec ardeur, avec persistance dans leurs pétitions ; nous les conjurons de la réclamer de
leurs représentans. Nous les supplions surtout
de ne point se laisser abattre par l'indifférence
railleuse qui, pendant long-temps encore, ac-
cueillera leurs réclamations. La victoire est à

ceux qui savent persévérer. Quant à nous,
qui intervenons pour la première fois dans
la lutte, nous promettons de persévérer, et
nous vouons d'avance une sincère estime et
l'appui le plus cordial à tous ceux qui, à la
tribune ou dans la presse, voudront placer la
question sur ce terrain.

CHAPITRE III.

Des alcools dénaturés. — Vote des deux Chambres.

Dans les chapitres qui précèdent, voulant placer sous son véritable jour la question vinicole, nous nous sommes attaché à démontrer que des dégrèvemens partiels seraient insuffisans pour ramener la prospérité dans les pays vignobles. Cette conviction, nous la puisons à chaque pas que nous faisons dans ce travail. Il ne faut pas se le dissimuler, ce n'est qu'au prix d'une réforme profonde, sérieuse, dans les contributions indirectes et dans les droits d'octroi, que l'industrie vinicole peut espérer de sortir de la situation malheureuse où tant d'injustices réunies la tiennent plongée. Aussi, lorsqu'à propos d'une découverte récente et ingénieuse, nous avons vu quelques amis de notre cause s'écrier, dans un élan d'enthousiasme peu réfléchi, que l'éclairage par l'alcool allait désormais résoudre la question vinicole, nous n'avons pu nous défendre d'un sentiment de doute, que l'étude consciencieuse des faits est venue bientôt corroborer.

Le nouveau liquide et les appareils destinés à faciliter sa combustion ont un avantage incontestable sur tout ce qui est aujourd'hui généralement employé à l'éclairage domestique. « L'hydrogène liquide, dit un excellent appréciateur, M. le comte Daru, n'exige aucun entretien, aucun frais, aucune surveillance. Il brûle d'une manière égale et continue aussi long-temps que le réservoir qui alimente la mèche renferme du combustible. La flamme, loin de s'affaiblir par les oscillations et les secousses, s'anime et semble prendre alors un nouveau degré d'intensité. »

Cette propriété remarquable a déterminé deux applications importantes de l'hydrogène liquide : l'éclairage des malles-postes et celui des télégraphes de nuit. Voici quels en ont été les principaux résultats :

« Une télégraphie de nuit a été établie entre Paris et Dijon, d'une part ; et de l'autre, entre Paris et Tours. La première ligne a été éclairée par l'hydrogène liquide, et la seconde par l'huile. Les stations de la première ligne, anciennement construite par M. Chappe, sont à des distances irrégulières, séparées par des intervalles qui vont jusqu'à 14 et 15 kilomètres. Les stations de la deuxième ligne, au contraire, récemment construites, sont régulièrement espacées à une distance moyenne de 10 kilomètres seulement.

» Malgré cette différence défavorable à l'hydrogène liquide, la commission chargée de suivre ces essais a constaté, dans un rapport adopté à l'unanimité, en date du 8 juillet dernier, que les fanaux de la ligne de Dijon éclairaient comme 40 grammes d'huile brûlée dans une bonne lampe-Carcel, tandis que les fanaux de la ligne de Tours n'éclairaient que comme 12 grammes d'huile brûlée par une mèche plate à simple courant. On conçoit en effet que, les mouvemens des fanaux ne permettant pas d'employer les cheminées à double courant, l'éclairage à l'huile ait, sous le rapport de l'intensité de la flamme, en pareille circonstance, une infériorité marquée. Les appareils dont on peut se servir sont en effet construits alors et nécessairement dans les conditions des anciens réverbères, et ne peuvent avoir, par conséquent, une lumière énergique. L'inaltérabilité du liquide nouveau semble également constatée ; il s'est conservé pur pendant plusieurs mois, tandis que l'huile, au bout d'un mois tout au plus, a dû être nécessairement renouvelée. On peut dire que ces propriétés du mélange nouveau le rendent extrêmement propre à un pareil usage.

» L'administration des postes a aussi, depuis trois ans, employé ce combustible à l'éclairage des malles. Tous les rapports s'accordent à reconnaître qu'à vingt-cinq et trente pas des lanternes, les foyers projettent une lumière telle qu'il est possible de lire aisément les plus petits caractères ; amélioration importante pour la sûreté du parcours dans des voitures dont la vitesse de marche est si grande.

» Enfin, le directeur des phares, M. Fresnel, a présenté récemment un rapport, duquel il résulte que le nouveau combustible pourrait être utilement appliqué à l'éclairage des côtes, et principalement à celui des phares isolés en mer. M. Fresnel, pour établir cette opinion, se fonde sur la possibilité d'abord d'obtenir un foyer brillant et continu de lumière ; en second lieu, sur le peu de soin, de surveillance et d'entretien qu'exigent ces appareils. »

Certes, voilà des suffrages nombreux, incontestables, émanés d'hommes instruits et capables de prononcer ; personne aujourd'hui ne peut donc contester la supériorité du nouveau liquide sur toutes les autres matières éclairantes. L'alcool a définitivement conquis la première place. Eh bien ! même dans cette condition très avantageuse, en supposant que son emploi, facilité par les plus larges concessions, s'accroisse rapidement et réponde à tous les besoins qu'il peut satisfaire, nous allons être forcés de reconnaître qu'il n'apportera qu'un adoucissement très limité à la souffrance des propriétaires de vignes.

D'après tout ce que nous venons de dire en faveur de la propriété vinicole, d'après ce qui nous reste à dire encore, on ne nous soupçonnera pas d'être hostile au nouvel éclairage ; mais, dussions-nous le paraître aux yeux de quelques personnes prévenues, nous considérons comme un devoir impérieux de notre position, de mettre la vérité à nu, de dissiper toutes les illusions ; car elles pourraient nuire au succès de notre cause. Si nous laissions s'établir, se propager l'idée que le nouveau système d'éclairage peut apporter un remède radical à la situation des propriétaires de vignes, l'opinion publique ne manquerait pas de s'emparer de cet aveu et de nous poursuivre comme des gens cupides et insatiables , lorsque nous viendrions à renouveler nos plaintes pour obtenir d'autres dégrèvemens. De toutes parts nous entendrions dire : « Comment, » l'an dernier, il ont obtenu la suppression » des surtaxes ; cette année-ci, ils sont par- » venus à faire circuler les alcools en fran- » chise de droits, et ils demandent encore, » et ils ne sont pas satisfaits ; ils veulent donc » convertir tout le territoire de la France en » un vaste vignoble ! » Ne laissons donc pas s'accréditer de pareils bruits. Les propriétai- res de vignes sont des gens raisonnables ; ils ne demandent que ce qui est juste et possi- ble ; rien au delà. Voilà pourquoi, nous qui connaissons parfaitement leurs sentimens, nous venons sans crainte, sans hésitation, leur dire la vérité. Qu'ils l'entendent encore une fois :

« Eh bien ! ni la suppression des surtaxes, » ni l'affranchissement plus ou moins limité » de vos alcools pour l'éclairage, ne seront » assez efficaces pour soulager vos souf-

» frances. La réforme radicale des droits réu-
» nis et des droits d'octroi peut seule opérer
» cette guérison. »

Maintenant quelques mots sur les résultats probables de l'alcool, employé à l'éclairage.

D'après les calculs les plus favorables, on pense que l'hydrogène liquide, déchargé de tous droits, pourra subvenir à la moitié de l'éclairage de la France, et que cette moitié absorbera 1.600.000 hectolitres du nouveau liquide ; mais comme à leur tour les huiles essentielles de térébenthine, de houille ou de schiste entrent pour près de moitié dans la composition de l'hydrogène liquide, les esprits n'auront plus à fournir que 900.000 hectolitres [1]. Cette nouvelle consommation déterminera donc une recette de 35.000.000 fr.

[1] Nous avons adopté, pour ces calculs, les proportions indiquées dans le remarquable rapport que M. le comte Daru a présenté à la Chambre des Pairs le 13 juillet dernier. Ces proportions ne sont pas absolues, nous le savons ; mais ce sont celles qui, au dire du docteur Guyot, fournissent un bel éclairage.

Certes, un accroissement de consommation de **900,000** hectolit. d'alcool, et un surcroît de recettes de **35,000,000** fr., ne sont pas à dédaigner, et nous les prisons fort ; mais, hélas ! tous ces chiffres ne sont qu'un leurre : c'est un mirage sans réalité offert à l'inquiétude des propriétaires vinicoles ; c'est un *eldorado* qui s'évanouira au premier souffle, comme tous les rêves du monde enchanté. En effet, en admettant que la demande de l'hydrogène liquide s'élève aux proportions que nous venons d'indiquer, immédiatement nos esprits de vin vont trouver une concurrence redoutable dans les alcools de grains, de fécule, de betterave. Les fabricans d'hydrogène liquide, établis aux environs Paris, ne cachent pas leur préférence ; de prime-abord ils ont exclu nos alcools, comme étant plus coûteux que ceux d'autre provenance. Ainsi, tout d'un coup, par le seul fait de la concurrence, voilà les propriétaires de vignes privés de la portion la plus considérable du marché : car le Nord, avec le débouché de Paris et une population

plus nombreuse que celle du Midi, doit nécessairement consommer plus d'éclairage que
le reste de la France; et c'est le Nord qui
produit les alcools de grains, de pommes de
terre, de betterave.

D'après ce fait incontestable, nous n'avons
plus l'emploi de 900,000 hectolitres; l'alcool de vin se trouve circonscrit au Midi; le
chiffre que nous avions posé tout d'abord
s'amoindrit et ne peut plus être porté qu'à
400,000 hectolitres. De ce chiffre ainsi réduit
il y a loin, comme on voit, aux 2,000,000
d'hectolitres que l'emploi de l'hydrogène
liquide semblait devoir absorber.

Voilà, en définitive, quelle serait la réalité
des résultats produits par le nouveau système
d'éclairage, sous un régime de franchise absolue. Certes, nous sommes loin de dédaigner
la moindre circonstance qui peut apporter
quelque soulagement à la situation des propriétaires de vignes, mais nous tenons encore
plus à ne pas leur donner de fausses joies,
à ne leur dire que la vérité. D'ailleurs, le

chapitre de nos décomptes n'est pas fini. Rappelons-nous que nous sommes sous la dépendance du fisc, et qu'il ne lâche pas facilement sa proie; le dégrèvement des alcools en est une nouvelle preuve. Dans cette circonstance, n'a-t-il pas mis tout en œuvre pour rendre notre position moins favorable?

Dès que l'on a eu la certitude que l'hydrogène liquide remplissait toutes les conditions d'un excellent éclairage, trois honorables députés se sont empressés de demander le dégrèvement absolu des alcools dénaturés. Cette demande était en harmonie avec d'autres précédens législatifs. Le sel, lorsqu'il est affecté aux usages de l'agriculture, ou qu'il entre dans différentes préparations chimiques, est immédiatement dégrevé des droits qui pèsent sur celui que l'on consomme habituellement; la poudre, destinée aux mines, jouit d'un privilège analogue; enfin, sous le bénéfice de la législation de 1814, les esprits employés dans les arts furent admis, durant quelques années, au dégrèvement. C'étaient là des

précédens très décisifs, qui auraient dû déterminer les Chambres à accueillir favorable-
ment une demande tendant à affranchir de
tous droits les alcools destinés à l'éclairage.
Cette nouvelle application des esprits à un
usage de première nécessité méritait d'autant plus d'être encouragée , qu'elle emploie
des alcools dont la régénération ne peut s'o-
pérer sans des procédés dispendieux , qui,
avec les frais de la fabrication primitive, les
mettent à un prix presque égal à celui des
alcools ordinaires livrés au commerce. Cette
puissante considération n'a pas prévalu : les
adversaires de la propriété vinicole n'ont
pas voulu comprendre que la prime n'étant
pas assez considérable pour tenter les fraudeurs, la revivification ne pouvait être entreprise.

Dans son état primitif, la proposition de
MM. Mauguin, de Lasalle et Tesnière semblait
promettre aux esprits un accroissement de
consommation très important. Réduite depuis
à des proportions mesquines, par les restric-

tions que les Chambres y ont mises, elle n'apportera pas même un léger soulagement à la propriété vinicole.

Avec l'affranchissement complet, les alcools dénaturés auraient eu à lutter, ainsi que nous l'avons démontré, contre les alcools extraits du grain, de la fécule et des mélasses. Sous le régime créé par la loi nouvelle, les producteurs d'alcool verront s'ajouter aux inconvéniens d'une concurrence redoutable, la gêne excessive de deux impôts : l'impôt de *dénaturation* et l'impôt de *l'octroi*. Cette double taxe mise sur l'alcool dénaturé annulera le peu de bien qu'aurait pu produire l'application du principe posé dans la proposition primitive.

Aucune raison plausible ne peut justifier ce double impôt.

La Commission scientifique de Montpellier et le Conseil des arts et métiers de Paris ont longuement traité la partie chimique de la question. Après ce débat contradictoire, l'impossibilité actuelle de dénaturer complétement l'alcool se trouve démontrée. Voici ce qu'un homme très compétent en semblable matière, M. le baron Thénard, disait à la Chambre des pairs dans la séance du 19 juillet dernier : « Déjà de nombreuses expériences démontrent que si la dénaturation n'est pas parfaite, du moins elle est telle qu'il devient impossible de régénérer complétement l'alcool ; il conserve toujours une saveur qui lui ôte de son prix et qui l'assimile pour la qualité tout au plus aux eaux-de-vie de grains. De nouvelles expériences seront faites encore pour perfectionner les procédés de la dénaturation, et l'on peut espérer qu'elles ne seront pas sans succès. »

Mais si la dénaturation n'est pas encore aussi complète qu'on pourrait le désirer, il résulte une conséquence non moins incontestable de ces discussions, c'est que la revivification de l'alcool ne peut être opérée sans le secours de certains appareils distillatoires qu'on ne peut établir sans éveiller l'attention des personnes chargées de l'empêcher. Or, une garantie pa-

reille donnée au fisc est bien suffisante pour
décourager les fraudeurs. Les distilleries de
grain ne pourraient-elles pas s'établir clan-
destinement dans l'enceinte de Paris, où elles
produiraient de l'alcool exempt des droits d'octroi? elles ne le font pas cependant. Pourquoi? parce qu'une infinité de circonstances
viendraient aussitôt révéler leurs manipula-
tions : le volume de fumée qui s'échapperait
de leurs cheminées, l'emplacement qu'exige-
raient leurs laboratoires, les eaux grasses et
empyreumatiques qui s'en écouleraient, —
tout, en un mot, concourrait à trahir ces fabrications clandestines. L'exclusion de Paris
des distilleries de grains n'est donc pas illu-
soire, puisque leur existence frauduleuse est
réellement impossible. La répression de la
fraude, en ce qui concerne l'alcool dénaturé,
n'aurait pas offert de plus grandes difficultés.
D'après ces faits, l'établissement du droit de
dénaturation ne nous semble nullement fondé ;
il ne sert que les intérêts du fisc.

La seconde disposition qui a pour objet d'au-

toriser les villes à frapper d'un droit d'octroi
l'alcool dénaturé n'est pas moins fâcheuse,
car elle viole tous les principes et détruit tout
espoir pour l'avenir.

Les défenseurs du premier droit font observer qu'il serait établi d'après la différence
existant entre la taxe payée par l'alcool et le
prix dépensé pour rendre propre à la consommation l'alcool dénaturé. Ainsi, par exemple, à Paris, où les droits sur un hectolitre
d'eau-de-vie sont de 82 fr. 50 c., le droit de
dénaturation serait établi à 10 fr., si la dépense faite pour dénaturer et revivifier l'alcool
s'élevait à 72 fr. 50 c., et ce droit serait établi à
20 fr. si cette dépense coûtait 10 fr. de moins.
Avec des dispositions pareilles, on ne laisse,
nous le savons, aucune chance à la fraude.
Mais, si c'est là le seul but que l'on ait voulu
atteindre, comment justifier le droit d'octroi
ajouté au droit de dénaturation? Ce n'est pas
apparemment pour réprimer la fraude, puisque la première taxe y a pourvu au delà de
toute mesure. Si l'État met sur une denrée un

droit déjà assez fort pour en gêner la consommation, comment expliquer que l'on autorise les municipalités à aggraver le mal, en frappant cette denrée d'une taxe nouvelle? Comment expliquer aussi qu'en présence d'une découverte qui promet de doter nos villes d'un éclairage plus économique, plus brillant que l'huile, moins dangereux que le gaz, on continue à se maintenir dans l'ornière fiscale où l'on se traîne péniblement depuis trente ans?

Nous avons vu avec peine les Chambres poser des restrictions fâcheuses à côté d'un principe fécond. Nous sommes surtout affligé de voir, dans la Chambre des députés, l'initiative de ces mesures restrictives émaner d'une Commission composée en grande partie de propriétaires de vignes. Si nos amis nous trahissent, notre cause est perdue... Une telle décision ne peut nous donner beaucoup d'espoir pour la modification des tarifs d'octroi, si long-temps promise.

Ainsi mutilé, le projet de MM. Mauguin, de Lasalle et Tesnière procurera quelques bénéfices aux marchands d'hydrogène liquide et au Trésor. Les propriétaires de vignes n'en ressentiront aucun soulagement.

CHAPITRE IV.

Nous reprenons notre discussion, interrompue un instant par l'imperceptible décision des deux Chambres. Nous la reprenons à l'endroit capital, à celui d'une réforme complète. Que l'on examine la question de toutes les manières : au point de vue de Bordeaux, au point de vue de la Bourgogne, au point de vue du Languedoc; sous tous les aspects, pour les producteurs de vin comme pour les producteurs d'alcool, la législation fiscale actuelle est essentiellement oppressive, intolérable; il y a nécessité impérieuse de la changer.

Mais il ne suffit pas d'inscrire sur son drapeau le mot *réforme*, il faut encore chercher les moyens de l'opérer sans perturbations. En présence de budgets qui, malgré leur énormité, se soldent en déficit, on ne peut malheureusement espérer que le Trésor renonce à une recette annuelle de cent millions, pour favoriser uniquement les propriétaires de vignes ; quelque graves que soient leurs souffrances, ils ne peuvent espérer ce sacrifice. Il faut donc trouver une nouvelle répartition de l'impôt et découvrir une autre source où le Trésor puissese procurer annuellement les cent millions qui lui manqueraient après avoir soulagé une branche importante de l'agriculture. C'est là, nous ne dirons pas une grande difficulté, mais une tâche très délicate à accomplir.

Ce n'est pas une difficulté. Nous sommes persuadé, en effet, que le jour où l'administration voudra sérieusement chercher un moyen de remplacement, elle sera presque aussitôt en mesure de le produire et de l'appliquer. Si nous croyions la question insoluble, nous n'attaquerions pas le mode actuel d'une manière si radicale. Quelque vicieux, quelque injuste qu'il nous parût, nous engagerions les producteurs à le subir comme un malheur qu'on ne peut éviter ; nous nous résignerions à arracher nos vignes , et nous conseillerions à nos amis d'en faire autant. Mais il n'en est point ainsi : une bonne solution est possible autant que juste; elle dépend des Chambres et de l'administration; pour elles il suffit de vouloir. Jusqu'ici leurs bonnes intentions se sont traduites plutôt par des paroles que par des actes; le peu de bien qu'elles ont fait dans le passé ne promet pas à l'industrie vinicole un avenir très brillant. C'est donc à nous à rendre meilleures les chances de cet avenir, en éclairant les esprits, en faisant pénétrer la lumière dans les régions les plus obscures; c'est à nous à descendre sur le terrain même de nos adversaires pour y lutter avec l'arme puissante qu'ils emploient depuis si long-temps. Avertie, éclairée, convaincue, l'opinion publique réagira sur les Chambres, sur l'administration, et nous obtiendrons quelque soulagement. D'autres causes, moins bonnes, moins justes que la nôtre, ont reçu une solution : préparées par la presse, elles ont grandi sous le feu même des discussions publiques et le jour de la justice est venu pour elles. Pourquoi la propriété vinicole n'obtiendrait-elle pas aussi la réparation qui lui est due?

Nous ne pensons pas que les propriétaires de vignes aient à indiquer aux Chambres ou à l'administration un mode de remplacement quelconque. Ils souffrent; ils doivent se plaindre, exposer leurs maux et montrer l'injustice de la situation que leur a faite la répartition actuelle de l'impôt indirect. C'est au gouvernement à calmer leurs souffrances en faisant justice ; c'est aux pouvoirs publics à réclamer cette justice de l'administration. Formuler un système de remplacement serait pour les propriétaires de vignes une tâche trop délicate ; ils pourraient, même en l'indiquant, alarmer, à leur insu, certains intérêts, et soulever contre eux une ligue formidable. Leur devoir donc et l'avenir même de la cause leur commandent de s'abstenir. C'est ce qu'ont parfaitement compris les Comités vinicoles, à toutes les époques; c'est ce que comprit très bien, en 1829, M. le comte de Mosbourg, en rédigeant le Mémoire du Comité de Paris. Voici, quelques passages de ce Mémoire qui justifient complétement cette conduite :

« Ne pouvant pas contester l'évidente justice de nos réclamations, on voudrait nous engager à porter la discussion sur des théories d'impôt qui peuvent toujours donner lieu à de grandes controverses, et qui armeraient contre nous les intérêts de ceux qui se croiraient menacés par nos propositions.

» Nous n'aurons pas la maladresse de nous placer sur un si mauvais terrain ; nous savons trop bien qu'en s'attachant à combattre nos plans, on se croirait dispensé d'examiner nos droits, et ce sont nos droits seulement que nous avons à établir ; le reste est l'office du gouvernement (1).

------

(1) La commission vinicole de Narbonne s'est prononcée dans le même sens :

« Nous ne sommes pas placés dans une sphère assez élevée.

» Si nous avons démontré que les charges dont nous sommes grevés sont exorbitantes , que la Charte les réprouve, qu'il nous est impossible de les supporter plus long-temps, il demeure, en fait, établi que les impôts sont injustement répartis , et l'impossibilité d'une répartition meilleure ne peut pas être admise.

» C'est aux ministres à proposer cette meilleure répartition.

» Tous les élémens des combinaisons qui peuvent la produire sont entre leurs mains.

» Notre droit était de demander justice, leur obligation est de nous la rendre.

» Imposer au contribuable le soin de modifier ou de répartir les contributions, ce serait lui déférer une des branches les plus importantes de l'administration publique , un des devoirs les plus difficiles du ministère; ce serait se dé-

---

ont dit les honorables membres de cette Commission, pour indiquer par quels autres moyens de perception, ou par quels autres impôts on pourrait remplacer, sans perte pour le Trésor, les droits indirects qui pèsent sur les vins. Nous signalons le mal et ses déplorables résultats. C'est au Gouvernement, qui a tous les élémens nécessaires, à chercher lui-même le remède qu'il convient d'appliquer. »

(*Mémoire de la Commission vinicole de Narbonne.* Rapporteur, M. JEANFRANÇOIS, membre du Conseil-général de l'Aude.)

charger sur lui d'une responsabilité qu'on accepte en acceptant le pouvoir. »

Le Comité central de la Gironde, autour duquel se groupent douze départemens du midi, a suivi jusqu'à présent cette ligne de conduite.

Mais s'il n'est ni sage ni prudent pour nous d'indiquer le système d'impôt qui pourrait être substitué à celui dont nous demandons la réforme, il n'est pas inutile d'examiner les divers projets présentés pour arriver à ce résultat. Cette étude est d'une grande importance, ne servît-elle qu'à nous préparer à soutenir la lutte, quand s'ouvriront les débats publics sur cette partie de la question.

Des hommes honorables, touchés de nos souffrances, ont déjà cherché les moyens de soulager l'industrie vinicole en proposant de changer le système injuste de l'impôt indirect. Nous allons passer tour-à-tour en revue leurs projets, pour nous assurer si, en définitive, les remèdes qu'ils proposent peuvent être efficaces, ou s'ils doivent laisser subsister le mal dont nous nous plaignons.

Un projet nouveau, énoncé, mais non formulé, par un membre du Conseil-d'État, a consacré les dispositions suivantes :

Suppression des droits d'entrée au profit du Trésor ;

Suppression du dixième perçu par le fisc ;

Réduction d'un dixième sur l'octroi des villes.

Pour combler le vide que l'adoption de ce projet occasionnerait dans les caisses publiques, l'auteur propose une augmentation sur le droit de détail et sur le droit de circulation : augmentation fâcheuse, qui fait disparaître tous les avantages de son système.

Nous ne ferons aucune objection à la première partie de ce projet, bien qu'elle ne soit pas en complète harmonie avec nos idées. L'amélioration notable qu'elle introduirait dans la situation des propriétaires, suffit pour nous la faire accepter : les mots de *suppression* et de *réduction* excitent toujours nos sympathies. Mais si la première partie de ce projet nous paraît recommandable, la seconde nous semble empreinte d'un caractère d'inquisition et de fiscalité si odieux qu'il nous est impossible de nous y associer.

Les droits actuels, chacun le sait, atteignent surtout les vins de détail, les vins communs que boit la classe ouvrière. Par le vice de la répartition, l'impôt perçoit sur cette seule classe de vins plus de 100 p. 0/0 de la valeur du produit. Proposer l'aggravation d'une charge déjà si lourde, c'est presque exclusivement atteindre les vins inférieurs, déjà si maltraités, c'est mettre une contribution inique sur la classe la plus nécessiteuse de nos populations. L'augmentation des droits de débit ne nous semble donc pas rationnelle.

L'augmentation des droits de circulation nous paraît plus irrationnelle encore et plus funeste. Nous nous plaignons des entraves qui gênent notre industrie; nous nous plaignons de ce que nos vins ne peuvent aller d'une cave dans une autre, d'une cave dans un entrepôt sans payer des droits ; nous nous plaignons de l'inquisition qu'exerce sur nos denrées une légion de huit mille employés, dont l'entretien coûte à l'Etat 20 millions par an! et on vient nous proposer de multiplier ces entraves, d'augmenter la phalange de nos ennemis! Cette pensée est trop fiscale pour qu'elle obtienne l'assentiment des propriétaires de vignes ; l'administration des contributions indirectes nous est trop hostile, pour que nous consentions jamais à mettre dans ses mains des armes meurtrières. Nos efforts doivent tendre plutôt à réduire son personnel et son budget, en attendant le jour où le triomphe de nos idées et de la justice permettra d'affranchir nos produits de son injuste oppression.

Voici maintenant un second projet :

Il consiste à établir un droit unique de 2 fr. par hectolitre sur la masse entière de la production.

L'auteur raisonne ainsi : la production s'élevant à 40,000,000 d'hectolitres, un droit de 2 fr. par hectolitre donnera une recette de 80,000,000 fr. L'impôt pèsera d'une manière plus égale sur tout le monde; la recette du Trésor se trouvera garantie; le problème sera donc résolu.

Le défaut essentiel de ce système est de placer sous un même niveau des produits de qualités très diverses; il n'est pas juste d'imposer une taxe égale sur des matières de valeur très inégale. Il n'est pas juste d'imposer aux vins de qualité inférieure le même droit qu'aux vins de luxe. Si donc le droit de 2 francs que l'on applique aux vins fins doit être nécessairement réduit pour les vins communs, la recette annuelle ne sera plus de 80,000,000 fr.; l'intérêt du Trésor en souffrira, et, partant, ce système ne pourra être accepté.

Mais ce n'est pas encore là le vice capital de ce système. En effet, la répartition et la quotité de cet impôt sont loin d'offrir les inconvéniens qu'entraîneraient les moyens de perception. Il est prouvé que, sous l'empire de la législation actuelle, la moitié à peine de la production est atteinte par le fisc. Pour assurer la répartition de l'impôt sur l'ensemble de la production, comme l'implique le projet, il faudrait une surveillance plus active et des moyens plus efficaces que ceux en vigueur aujourd'hui. L'augmentation des employés du fisc et l'*inventaire* au domicile du producteur pourraient seuls y suffire. Indiquer ces moyens, c'est les flétrir ! Pour toutes les personnes qui ont vécu dans les contrées vinicoles, il est surabondamment prouvé que l'inventaire ne peut plus être rétabli. Tout système qui conduit à des conséquences si funestes doit donc être repoussé.

Le grand défaut des deux systèmes que nous venons d'énoncer est précisément de multiplier les entraves que nous voulons détruire, de fortifier l'administration des droits réunis, que nous voulons renverser. Le troisième projet que nous allons examiner n'a pas les mêmes inconvéniens : il pourrait se produire sans le concours de cette administration; et son application emporterait de droit la suppression de tous les employés. En voici la substance :

1° Tous les droits qui grèvent les vins et eaux-de-vie, droits de circulation, droits d'entrée, droits de détail, droits d'octroi, etc. seront supprimés.

2° Il sera établi, sur la production du vin, une taxe unique basée sur une moyenne de dix années.

3° Au 1ᵉʳ janvier, ladite taxe sera mise en recouvrement, mais ne sera exigible que par sixième, à partir du 1ᵉʳ juillet de chaque année.

4° La taxe ne pourra recevoir sa première exécution que trois ans seulement après la plantation d'une vigne, quelle qu'elle soit.

5° En aucun cas, ladite taxe ne pourra subir d'augmentation de centimes additionnels ou autres.

6° Cette taxe devant être considérée comme rachat de l'universalité des droits à percevoir sur les vins ou eaux-de-vie, toute imposition nouvelle, atteignant directement ou indirectement ces produits, l'annulerait.

L'auteur de ce projet n'a point indiqué de
chiffres dans l'énoncé de son système, mais
nous avons été en mesure, par nos rapports
personnels, de connaître le fond de sa pensée.

L'auteur du projet propose aux propriétaires
de vignes de payer un impôt de 2 centimes
par chaque litre de vin récolté. Etablissant la
production moyenne de l'hectare à 20 hectolitres (1), il trouve pour 2 millions d'hectares
une production générale de 40,000,000 hectolitres. Chaque hectare, pour une production
moyenne de 20 hectolitres, payant 40 fr., les
2 millions d'hectares donneraient au Trésor une
recette de 80 millions, c'est-à-dire une dixaine
de millions de plus qu'il ne reçoit aujourd'hui,

---

(1) La fixation de ce rendement est très arbitraire :
ainsi, d'après M. de Chabrol, le produit d'un hectare
est porté dans le département de l'Aude à 13 hectolitres
tandis que dans le Cantal il s'élève à 30, et dans le département d'Eure-et-Loir à 79 hectolitres ! D'après le système
que nous examinons, le département de l'Aude serait donc
soumis à la même taxe que celui d'Eure-et-Loir ? Cette répar
tition nous paraît on ne peut plus monstrueuse.

déduction faite des frais de perception. Cette recette supérieure permettrait peut-être de réduire le droit à 1 centime 1/2 par litre et d'adoucir ainsi les charges des propriétaires.

Voilà, en quelques mots, tout le projet.

Le mécanisme de ce système est simple et très clair. Comme tous ceux que nous avons examinés jusqu'à présent, il renferme des défauts que nous allons indiquer ; mais, comme eux aussi, il se recommande par des améliorations notables qu'il importe de constater.

En dégageant la partie saine de la partie défectueuse des divers projets de substitution, nous rassemblerons ainsi quelques élémens de solution, nous poserons quelques jalons sur une route qui finira par nous conduire à la découverte de la vérité.

La partie recommandable du système est celle qui proclame la liberté complète de nos produits. Dans la mise en pratique de ce projet, toutes les entraves disparaissent : plus d'octrois pour arrêter nos vins et nos eaux-de-vie aux barrières des villes, plus de zônes pour en gêner la circulation, plus de droits réunis pour les surveiller et les opprimer; partout et toujours liberté d'échange et de mouvement. Cette conséquence remarquable témoigne des bonnes intentions de l'auteur, et suffit pour le recommander à la sympathie des propriétaires de vignes.

Le système nouveau satisfait à une autre difficulté de la question. Il pourvoit aux besoins du Trésor : par la quotité de l'impôt nouveau, les recettes seraient assurées, puisque les producteurs eux-mêmes devraient en fournir les élémens d'après un calcul basé sur la production moyenne de la France durant dix années.

A la garantie de liberté donnée à nos produits, à la garantie de ressources fournie au Trésor, le nouveau projet ajoute une autre garantie pour les propriétaires. En soumettant à l'impôt les nouvelles vignes, trois ans après leur plantation, l'auteur du projet veut prévenir la trop grande extension de culture qui suivrait la liberté de mouvement et l'accroissement de la consommation. Sans examiner si une mesure restrictive serait juste en principe ; sans examiner la valeur et l'efficacité de celle que l'on propose, nous devons rendre justice à la bonne intention qui l'a inspirée. Une telle prévision nous paraît du reste louable et naturelle ; car s'il est vrai que l'énormité des impôts dont nous nous plaignons justement a pour conséquence nécessaire de limiter la culture de la vigne, il n'est pas moins certain qu'une réforme radicale , opérée dans la condition des propriétaires et dans la quotité de l'impôt, aura pour résultat non moins forcé d'étendre beaucoup cette culture. Considéré sous ce point de vue, le nouveau projet n'est pas sans utilité, puisque l'auteur indique une solution ; mais ce remède, applicable à un mal très éloigné, ne suffit pas pour nous faire adopter un système dont quelques vices notoires commandent le rejet.

Dans l'ordre de nos idées, dans la marche à suivre pour opérer une réforme complète, les mesures qui pourraient tendre à limiter la culture de la vigne doivent être considérées comme des élémens secondaires, applicables à une question dont l'importance ne commande pas une solution immédiate. Le fait capital, c'est la réforme de la législation oppressive qui nous régit.

Arrivons aux inconvéniens du nouveau projet.

Si chaque propriétaire prend la peine de vérifier l'étendue de ses vignes, et s'il calcule ensuite la somme qu'il aurait à fournir au fisc sous un régime qui frapperait sa terre d'un impôt de 40 fr. par hectare, il reconnaîtra facilement l'impossibilité du système, d'autant plus que cet impôt prélevé régulièrement viendrait aggraver sa position d'une manière fâcheuse, lorsque ses celliers contiendraient la récolte de plusieurs années. Quelles avances de fonds ne faudrait-il pas! Durant les mauvaises années, la vente du vin suffirait à peine pour payer l'impôt; et, lors des récoltes abondantes, l'en-

gorgement du marché empêcherait le propriétaire de réaliser ses produits pour satisfaire
le fisc. Quel est donc le producteur qui voudrait acheter à ce prix la liberté de circulation pour ses denrées? Ce serait sa ruine. Au
point de vue pratique, ce système est donc in-
admissible.

Au point de vue théorique, le système que
nous examinons soulève une objection importante. On peut lui reprocher avec raison
de changer la nature de l'impôt. En effet, en
frappant la vigne pour affranchir le vin, ce
système convertit un impôt de consommation
en impôt foncier; il transforme un impôt indirect en impôt direct. Les conséquences de
ce changement sont d'une haute gravité.

L'impôt direct frappe la matière imposable par des taxes fixes, dont la quotité ne
peut changer sans le concours des Chambres
et du roi. Les formes sévères de sa perception
ajoutent encore à son caractère remarquable
de fixité; mais précisément parce que l'impôt
direct est fixe, parce que la perception en est

sûre dans tous les temps, parce que son chiffre ne suit point, comme l'impôt indirect, le mouvement ascendant ou décroissant de la consommation ; par tous ces motifs, il ne faut point appliquer aux vignes un nouvel impôt direct. L'impôt foncier qu'elles supportent est déjà assez lourd, pour qu'on ne songe point à l'augmenter par des charges de même nature, dont le dégrèvement, dans l'avenir, serait presque impossible.

Le chiffre général des contributions foncières est aujourd'hui de 270,000,000 fr. Atteinte par un impôt si lourd et grevée d'une dette hypothécaire de 13 milliards, la propriété succombe sous le fardeau de ses charges. Les meilleurs esprits, les hommes les plus compétens en finances, se préoccupent de cette situation alarmante, et cherchent à l'alléger. Mais si un impôt de 270,000,000 fr. réparti sur une propriété foncière de 46 millions d'hectares, paraît trop fort, que serait-ce d'une taxe de 80,000,000 fr. qui pèserait exclusivement sur une propriété de 2 millions d'hectares, et la surchargerait d'une redevance sept fois plus forte que celle dont toutes les terres du royaume sont actuellement grevées ? Accepter un tel système, ce serait vouloir la ruine certaine, imminente de la propriété vinicole. Nous le repoussons donc de toutes nos forces.

Les conséquences de ce système sont vraiment fâcheuses : sous un vernis de liberté, il cache une aggravation de taxes ruineuse. A un impôt indirect gênant, vexatoire, injuste, il substitue un impôt direct dont la quotité est d'autant plus monstrueuse, qu'elle est tout entière à la charge du producteur.

L'aggravation de l'impôt direct est la ressource des temps de guerre ; que l'on se garde d'y recourir au sein de la paix. Dans les temps de calme, tous les efforts au contraire doivent tendre à réduire cet impôt. Il faut ménager la propriété, la rendre prospère et forte quand la société n'est point en danger, si l'on veut qu'aux jours de crise et dans les temps de guerre, elle puisse supporter des charges ex-

traordinaires, pourvoir aux besoins imprévus
de ces époques critiques et sauver le pays par
ses sacrifices.

A plusieurs reprises, depuis treize ans, des
hommes honorables ont saisi la Chambre de
divers projets de remplacement, dont l'adoption certainement eût amélioré la position des
propriétaires de vignes, sans réaliser toutefois
leurs justes espérances.

Le premier projet préparé par M. le baron
Louis, au mois d'octobre 1830, dégrevait la
propriété vinicole d'une somme de cinquante
millions. Trente millions étaient demandés
aux droits d'entrée ; les débitans des campagnes se trouvaient soumis à un abonnement
forcé dont le produit était évalué à quinze
millions ; enfin une réduction proportionnelle sur les bières devait fixer à six millions
le produit de cet impôt spécial de fabrication.
Au lieu de percevoir cent millions de contributions indirectes, l'état n'aurait plus perçu
que cinquante-un millions. C'était là, on ne
peut en disconvenir, une amélioration nota-

ble. Il n'est pas inutile de faire observer que cette amélioration se produisait trois mois à peine après la révolution de juillet. M. le baron Louis avait compris qu'en présence des plaintes légitimes d'une industrie sacrifiée, un gouvernement nouveau ne pouvait rester impassible ; il avait compris qu'un pouvoir appelé à sauver la constitution était tenu plus qu'un autre de la faire appliquer : son projet était un progrès vers cette voie. On sait ce que devint ce progrès : le projet de loi fut retiré un mois après sa présentation ! et le système que lui substitua le cabinet de novembre, en atténuant d'un tiers le droit de détail, en supprimant les droits d'entrée dans les villes au-dessous de 4,000 âmes, causa sans doute un bien réel aux villes affranchies et aux débitans ; mais ses effets furent presque insensibles pour les producteurs, dont le mal, déjà très grave, réclamait un remède plus énergique.

Les deux autres projets, fruits de l'initiative parlementaire, n'eurent pas un meilleur sort que celui de M. le baron Louis. La Chambre des députés rejeta le premier, après le rapport d'une commission , et passa à l'ordre du jour après les développemens du second.

Nous exposerions volontiers ces deux projets comme des élémens précieux de controverse, s'ils ne reposaient sur une base dont une partie vient d'être adoptée par un homme qui a rendu à la cause vinicole de grands services et qui compte lui en rendre encore, en élaborant un projet nouveau dans l'intervalle même des deux sessions. Un débat public serait en ce moment prématuré. Sous le bénéfice de cette observation, nous nous abstenons d'entrer dans l'examen des deux projets qui furent produits il y a neuf ans, et de celui qui pourra être produit l'année prochaine. Nous nous réservons seulement de les apprécier quand l'opinion publique en sera de nouveau saisie. Cette époque sera beaucoup plus favorable pour montrer les avantages ou les inconvéniens de ces trois projets. et pour examiner si l'impôt nouveau, assis sur les bases proposées, peut amener des résultats efficaces et rendre à l'industrie vinicole une prospérité que des lois fatales et un impôt écrasant lui ont ravie.

Pour compléter le tableau des divers systèmes de substitution, nous devons encore mentionner celui qui fut indiqué par M. de Chabrol. dans son rapport au roi du 15 mars 1830. L'exposé de ce système est déjà ancien, puisqu'il date de treize années; mais comme des hommes très éclairés, très influens, en adoptent les principes et paraissent disposés à en conseiller l'application, il ne sera pas superflu d'en dire quelques mots.

Voici les principales dispositions de ce projet :

Suppression des droits d'entrée;

Maintien du droit de détail à 15 p. 0/0 (1);

Remplacement du droit de *circulation* par

____

(1) La loi du 12 décembre 1830 a réduit ce droit à 10 p. 0[0.

un droit de *consommation*, à la charge des
personnes qui s'approvisionnent directement;

Fixation de ce droit d'après la valeur du vin,
laquelle valeur serait calculée, dans chaque
département, sur une moyenne du prix de
vente au détail, durant cinq années, en atténuant le prix de vente d'un tiers;

Révision du tarif chaque année, en écartant
du calcul la première des cinq années et en y
faisant entrer la dernière;

Enfin, application de la taxe proportionnelle,
ainsi fixée, à la production tout entière, sauf
la partie consommée dans les lieux mêmes
d'exploitation.

Le début de ce système est heureux, et nous
nous associons complétement aux principes
qui en démontrent l'évidente justice. Oui, les
droits d'entrée, établis d'après l'échelle graduée
de la population des villes, restreignent la consommation dans les lieux mêmes où il importe
le plus de la favoriser; ils équivalent à des
douanes intérieures qui arrêtent à sa source
le développement de la richesse publique. Oui,

les droits d'entrée et les droits d'octroi sont également injustes, et nous sommes heureux de trouver la réprobation de ces droits dans un rapport qui fait autorité dans la matière. Nous sommes heureux encore de voir des hommes très compétens en finances, M. le marquis d'Audiffret entre autres, adopter complétement ces vues saines et réparatrices. Les droits d'entrée doivent donc être supprimés. Sous ce rapport, nous le répétons, le début du système est heureux.

La suite n'a pas le même caractère.

Nous ne parlons point du droit de détail, dont nous avons eu l'occasion de signaler les inconvéniens. Le système que nous examinons, en maintenant le droit de détail dans son intégrité, se confond dans cette partie avec le système actuel dont nous avons déjà fait justice; nous écartons donc ce point de la discussion. Nous écartons encore la proportionnalité de la taxe, qui nous paraît juste en principe.

Mais il est impossible de garder le si-

lence, de laisser passer sans discussion le
point important du projet, le caractère de fiscalité et de généralité qu'il prétend imprimer
au droit de consommation.

Ce système ayant été élaboré par les hommes de l'administration des finances, on peut
supposer que leur but n'a pas été d'affaiblir
les ressources du Trésor. Nous croyons même
être fort modéré en disant que les auteurs du
projet ont eu pour seule préoccupation la
pensée modeste de percevoir une recette
égale à celle qu'ils prélèvent annuellement.
S'il en est ainsi, pourquoi choisir un droit qui
entraînerait des moyens de perception si dispendieux? Qu'on supprime le droit d'entrée,
c'est bien ; mais si l'on tient à un remplacement de ce droit, qu'on l'opère du moins en
établissant une taxe dont les frais soient inférieurs à ceux qu'occasionnait la perception
du droit supprimé. Si, à la place du droit d'entrée qui coûte 2 pour 0/0 de perception, on
met un droit qui coûtera près de 30 pour 0/0,
comme celui de circulation, le changement.

loin d'être profitable , devient onéreux pour
tous, pour le Trésor comme pour les particu-
liers.

Les projets élaborés par les amis de la propriété vinicole ont toujours tendu à réduire
les droits dont la perception est coûteuse.
C'est une règle générale qui a été invaria-
blement appliquée; les gouvernemens eux-
mêmes s'y sont quelquefois conformés; c'est
ainsi que Napoléon , pendant les cent jours,
pour donner quelque satisfaction à l'opinion
publique, supprima, par son décret du 8 avril
1815, le droit de consommation sur l'eau-de-
vie et le droit de circulation. Si, parfois, on a
voulu augmenter plusieurs taxes pour com-
penser la diminution opérée sur quelques
autres parties du service, l'aggravation a toujours porté sur les droits que le Trésor prélève à peu de frais. Rien n'était plus juste et
plus naturel. Le système exposé en 1830 par
l'administration des finances consacre des principes tout à fait opposés ; cette tendance doit
donc nous inspirer une grande méfiance pour le

système tout entier. Nous ne pouvons croire qu'en suivant tous la même route, les amis, les bienfaiteurs des propriétaires de vignes se soient constamment trouvés dans l'erreur; nous ne pouvons croire non plus qu'en suivant une marche inverse, les hommes du fisc soient seuls dans le vrai.

L'administration des finances, en proposant ce système, a obéi à cette loi de toutes les administrations, de toutes les corporations du monde, qui les porte constamment à étendre leur force, leur influence et leur richesse. Le meilleur droit pour elle est celui qu'elle perçoit par ses agens. Toutes les autres considérations deviennent secondaires; il le faut bien, pour qu'elle se décide à sacrifier les droits d'entrée. Que lui importent des taxes que l'on perçoit simultanément avec les droits d'octroi et par l'intermédiaire des agens municipaux? Ce qu'il lui faut, c'est une nombreuse milice entièrement à sa solde, répandue sur le sol entier de la France, agissant partout et montrant partout son influence et sa force.

« La régie, disait en 1830 le Comité central des délégués vinicoles, la régie veut que le gouvernement renonce aux droits d'entrée en conservant le droit de détail, en triplant, en sextuplant peut-être, pour un grand nombre de départemens, le droit de circulation, parce qu'il lui faut tous les propriétaires de vignes à opprimer, tous les vins du royaume à tenir emprisonnés, tous les marchands et débitans à surveiller, beaucoup de fraudes à réprimer; c'est-à-dire des vexations, des exercices, des saisies, des procès, des perceptions compliquées et dispendieuses, afin de justifier et de payer l'armée qu'elle a sous ses ordres. »

On ne pouvait caractériser cette mesure d'une manière plus nette et plus juste.

Parmi les dispositions introduites dans ce système, il en est une dont les propriétaires de vignes seraient particulièrement affectés; c'est celle qui consisterait à soumettre aux droits tout le vin consommé en dehors des établissemens d'exploitation. Les propriétaires de vignes qui boiraient leur vin dans leur maison d'habitation, au lieu de le boire à l'endroit même où se trouvent les vignes, les cuves et les pressoirs, paieraient un droit aussi fort que celui payé par l'acheteur; en vertu de ce principe, dit le rapport, qu'*un impôt de consommation doit peser sans distinction sur l'universalité des consommateurs.* Nous disons, nous, que cette mesure est souverainement injuste. Si l'on proposait aux propriétaires de forêts de leur faire payer le bois qu'ils brûlent, que diraient-ils? Est-ce que nos récoltes ne sont pas aussi sacrées que leurs forêts? Chacun de nous ne peut-il consommer ce qu'il a fait venir avec beaucoup de soins et de sacrifices, sans la permission du fisc? Le petit cultivateur surtout, qui travaille avec effort une parcelle de terrain, et qui, par conséquent, ne peut y réunir tous les appareils nécessaires à la vinification, se verrait donc réduit à payer au fisc le droit sur tout ce qu'il consomme. et à restreindre, peut-être même à abandonner, l'usage d'une boisson qui le fortifie? Les con-

séquences d'un tel système seraient désas-
treuses.

Par suite de ces considérations, le système
proposé nous paraît hors d'état de satisfaire
les espérances des propriétaires de vignes. Le
maintien des contributions indirectes, conséquence forcée du système, laisserait subsister
ce qui nuit le plus à la propriété vinicole. La
taxe dont les vins consommés dans les maisons
d'habitation se trouveraient frappés, soulève-
rait des résistances presque invincibles; et, en
supposant que l'impopularité de la mesure ne
rendît pas impossible l'application du système,
le droit de consommation mettrait les mêmes
entraves à la circulation du vin. Après tant
d'efforts, après tant de plaintes, l'insuffisance
des mesures mises en vigueur serait pour
nous l'équivalent d'une déception.

De l'examen rapide des divers moyens proposés jusqu'ici pour remplacer l'impôt indirect,
il résulte clairement qu'aucun d'eux ne satisfait encore les propriétaires de vignes. Leur
application, si elle avait lieu, laisserait la pro-

priété vinicole dans un fâcheux état de souffrance et de gêne.

Mais un résultat non moins évident ressort de cet examen ; c'est que, malgré leurs inconvéniens graves, tous les systèmes proposés sont préférables au système actuel. Sauf l'inventaire, résultat de l'un des projets examinés plus haut, il n'est pas, dans ces divers systèmes, une entrave ou une mesure vexatoire dont le mode en vigueur aujourd'hui n'aggrave la force et les inconvéniens. Ainsi, il demeure démontré que le fisc, par ses combinaisons ingénieuses, a trouvé depuis long-temps le système le plus fatal et le plus nuisible à la propriété vinicole.

Puisqu'on ne peut faire pire que ce qui existe, les propriétaires de vignes doivent accueillir, sinon avec enthousiasme, du moins avec intérêt, toutes les propositions qui tendent à réformer le système actuel ; ils doivent surtout travailler à faire sortir l'administration de son apathie, et la forcer à produire un nouveau mode de répartition.

Il est fâcheux d'avoir à le constater, le moment où l'administration voudra se décider à exposer un système ne paraît pas prochain, puisque les interpellations les plus vives et les plaintes les plus amères n'ont pu lui arracher une promesse. A la Chambre des députés, dans la séance du 22 avril dernier, M. le ministre des finances disait que l'impulsion donnée aux travaux publics était la mesure la plus efficace pour améliorer l'industrie vinicole.

Mais de la réforme de l'impôt indirect, pas un mot.

A la Chambre des pairs, après un long débat sur les pétitions des propriétaires vinicoles, M. Charles Dupin demanda le renvoi de la discussion au lendemain, ne voulant pas que la Chambre votât sans avoir entendu M. le ministre des finances, qui était absent :
« Je fais cette proposition du renvoi, disait-il,
» dans l'intérêt véritable du gouvernement et
» dans l'intérêt des départemens vinicoles,
» dans l'intérêt particulier de M. le ministre

» des finances, qui doit avoir des choses utiles
» à dire sur cette matière.» Le renvoi fut accordé sur cette observation, et le lendemain,
M. Ch. Dupin prit la parole. Plusieurs orateurs
furent encore entendus sur la question. M. le
ministre des finances n'assista pas à la séance.
C'était montrer bien clairement qu'il ne vou-
lait rien promettre.

Si l'administration n'a point à faire entendre
des paroles plus consolantes que celles prononcées à la Chambre des députés, elle est,
selon nous, bien coupable ; car elle prouve le
peu d'intérêt qu'elle porte à une question si
importante pour notre agriculture. Offrir pour
soulagement aux propriétaires de vignobles la
perspective d'un réseau de chemins de fer,
c'est une amère dérision (1). A nos souffrances

---

(1) Nous allons, pour notre part, citer un exemple em
prunté à la localité que nous représentons, et l'on verra par
là le peu d'intérêt que l'administration porte à la propriété
vinicole, lorsqu'il s'agit d'améliorer les voies de communi-
cation :

Les vins de Narbonne peuvent être expédiés par deux

actuelles, il faut un remède immédiat ; s'il est ajourné, quand la France sera couverte de rail-ways, la propriété vinicole aura subi

---

voies d'eau : le canal du Midi et le port de La Nouvelle. Les frais de transport sur le canal du Midi sont très onéreux ; mille quintaux métriques coûtent 2,000 fr. pour être transportés de Narbonne à Toulouse. Sur ce prix, les propriétaires du canal prélèvent 1,520 francs! et le batelier qui fournit sa barque, ses chevaux et paie tous les frais d'embarquement, n'a pour lui que 420 fr.*. Les frais de transport, de Narbonne à Rouen, par la mer, sont beaucoup moins considérables; ils s'élèvent à 40 ou 50 fr. par tonneau, tandis que le même tonnage, pour le seul trajet de Narbonne à Bordeaux, sur le canal du Midi et la Garonne, coûte le double. Mais la voie de mer ne peut être suivie en ce moment. La barre de sable qui se forme à l'entrée du port empêche l'arrivée des gros navires, et réduit au petit cabotage un commerce qui pourrait devenir important. L'état déplorable où se trouve ce port atteste une grande négligence ou une injustice flagrante dans la répartition des fonds destinés aux travaux publics. Puisque l'administration désire tant venir au secours des propriétaires vinicoles au moyen des travaux publics, qu'elle fasse améliorer, agrandir le port de La Nouvelle, et nos vins se trouveront immédia-

---

* Les faits relatifs au canal du Midi et au port de La Nouvelle sont empruntés au Mémoire de la Commission vinicole de Narbonne, déjà cité.

des crises très graves; bien des vignes auront été arrachées, et il n'est pas impossible que ces voies de luxe ne traversent

---

tement dégrevés d'une somme de 50 pour 100 sur le prix
de transport; et le pays y gagnera doublement; car notre
marine locale y trouvera un frêt qui lui échappe.

A côté de cet exemple, notons les deux points suivans :

1º Un chemin de fer de Bordeaux à Cette est projeté;
on porte cette ligne à quatre lieues de Narbonne, comme
pour éviter la partie du département où les populations se
trouvent le plus agglomérées.

2º La rivière d'Aude déborde une dizaine de fois par an et
ravage des terrains fertiles, en les laissant sous l'eau
une moitié de l'année. Quels sont les travaux sérieux
qu'a faits le gouvernement pour protéger les plaines contre
les débordemens de cette rivière? On a adopté jusqu'ici le
système des petites digues, des petits crédits, des petits secours; c'est absurde. Une crue d'eau emporte ces travaux
sans consistance qu'il faut recommencer six mois après. Ce
qu'il faut, c'est un système d'ensemble, le redressement
complet d'une fleuve qui ravage plusieurs fois par an une
des plus belles plaines de France. Et ce travail d'ensemble,
seul utile, seul efficace, seul digne d'un pays éclairé, on ne
l'obtiendra que par le concours du gouvernement; mais il
s'en est jusqu'ici fort peu occupé. Nous désirons ardemment
de voir l'administration justifier ses paroles sympathiques
par des actes sérieux; et c'est pour l'y aider que nous lui
signalons des faits graves, qui méritent toute son attention.

alors des campagnes stériles. C'est au présent qu'il faut songer : il est affreux ! Si l'on ne veut point y remédier, si on laisse subsister les causes permanentes du malaise, qu'on ne parle point de l'avenir : nous ne voulons point le voir, car cet avenir, c'est la misère !

CHAPITRE V.

Suppression des contributions indirectes. — Comparaison des produits et des dépenses. — Conclusion.

Nous avons insisté plusieurs fois, dans le cours de ce travail, sur la nécessité de supprimer l'administration des droits réunis. Avant de terminer, nous tenons à montrer que cette suppression serait un bienfait, non seulement, pour les producteurs, mais encore pour les consommateurs et pour l'Etat lui-même. Le sentiment public qui réclame depuis long-temps cette suppression, n'est point aveugle; nous le partageons: nous partageons aussi la haine qui poursuit cette administration ; et l'impopularité qui la frappe nous paraît méritée.

Pour qu'une administration soit réellement utile, il faut qu'elle coûte peu au Trésor, en comparaison de ce qu'elle lui rapporte. Si elle prélève sur les contribuables une somme énorme et ne procure au Trésor qu'une faible recette ; si les frais qu'elle occasionne, pour son entretien et pour la perception de la taxe, sont presque aussi élevés que la taxe elle-même, ses procédés sont vicieux ; il faut, de toute nécessité, les changer. Un examen rapide des opérations principales de l'administration des contributions indirectes va nous convaincre de l'urgence et de l'utilité de cette mesure.

Quelles sont les taxes que l'administration des droits réunis ou des contributions indirectes a pour mission de percevoir?—Quelles sont celles qui peuvent se passer de son concours?

L'administration des droits réunis sert à

percevoir le droit de *circulation* et le droit de *détail*. Les autres taxes se trouvent complétement en dehors de son contrôle.

Séparons les sommes que produisent les divers droits ; mettons d'un côté les recettes que ne contrôlent pas les droits réunis, et de l'autre celles qu'ils contrôlent. Défalquons de ces dernières sommes les frais d'administration, d'entretien, de perception. Nous verrons clairement alors si les contribuables sont ou non frustrés, si le Trésor lui-même ne fait pas un marché onéreux ; et, si cette double conséquence se manifeste, si elle ressort des chiffres que nous allons produire, nous serons unanimes contre cette administration, nous estimant heureux de voir l'appui solide des chiffres venir en aide à une antipathie que nos adversaires croient suscitée par un entraînement aveugle. Nous puisons les élémens de nos calculs dans le compte général des finances publié en mars 1843.

Les impôts indirects, perçus sur les vins et eaux-de-vie,

en 1812, ont donné au Trésor, avec le produit des licences,
une somme de . . . . 91,355,462 f.

Si l'on ôte de cette somme les droits qui
peuvent se percevoir sans le concours de
l'administration des contributions indirectes,
savoir :

1° Les droits d'entrée (Paris
excepté). . . . . 9,673,740 f.

2° Les droits d'entrée, perçus
par abonnement, en remplace-
ment des droits de détail . . 7,575,128

3° La *taxe unique* de Paris. . 11,224,764

On a une recette de. . . . 28,473,632

dont la perception coûte 2
pour cent.

Si l'on ajoute à cette somme
le produit des licences dont la
perception est peu coûteuse et
s'opérerait très facilement sans
le concours des contributions
indirectes, soit 3,852,653

On obtient une recette totale
de . . . . 32,326,285 ci 32,326,285

dont l'encaissement peut très bien se passer
de l'intervention coûteuse des contributions indirectes. En dehors de cette somme
il reste donc. 59,029,177
pour représenter tous les droits dont la

REPORT. 59,029,177

rentrée dans les caisses publiques nécessite le concours des contributions indirectes.

Si l'on ôte encore de cette somme les frais occasionnés par la perception de ces droits et par l'entretien de l'administration, soit. 21,360,500

On trouve, pour dernier résultat, que l'administration des contributions indirectes ne fait en réalité entrer au Trésor qu'une

somme de 37,668,677

La disparité résultant de ce rapprochement est frappante.

Dans le premier cas, pour la perception des taxes qui peuvent se prélever sans l'assistance des contributions indirectes, le Trésor prend aux contribuables une somme de 32 millions de francs, qu'il serait juste, peut-être, d'affaiblir, de retrancher ou de répartir différemment; mais du moins le Trésor profite de cette somme presque entière, la quantité distraite par les frais de perception étant peu appréciable.

Dans le second cas, pour les taxes que contrôlent les droits réunis, le fisc prend aux contribuables 59,000,000, et ne fait rentrer dans les caisses du Trésor que **37,700,000** fr. Les **21,300,000** fr. restant sont absorbés par les frais d'administration, de perception et par le paiement des employés. Ainsi, pour subvenir aux nécessités de divers services publics, l'État a besoin d'une somme qu'il demande aux vins : mais le système d'administration, organisé pour opérer les recettes, est si dispendieux que la rentrée seule de ces recettes coûte au Trésor une somme presque aussi forte, et l'oblige à demander aux contribuables une surtaxe qui double presque la somme dont il a besoin.

Pour obtenir 37,000,000 fr. l'État demande 59 millions ! Supposez qu'une année de disette ou une épidémie restreigne d'une manière notable la consommation générale et cause, dans le budget, un déficit de **18** millions, les dépenses occasionnées par la rentrée des fonds dépasseront la moitié du revenu brut, et le produit net, acquis à l'État, sera inférieur à la dépense faite pour en garantir la rentrée; car si la consommation du vin se réduit sous l'influence de diverses mesures fiscales, la diminution des frais n'est pas en raison directe de la réduction des recettes. En 1830, en effet, après la promulgation de la loi du 12 décembre, qui dégrevait de 30,000,000 l'impôt indirect, on ne put opérer sur les frais de perception que la modeste économie de 800,000 fr. L'organisation des droits réunis est telle qu'une recette de 70,000,000 fut aussi coûteuse à opérer que l'était auparavant une recette de 100 millions!

Un système qui produit de semblables résultats est essentiellement vicieux ; une administration si coûteuse devient une charge intolérable pour les contribuables. Les propriétaires de vignes doivent donc en réclamer la suppression. Ce sera pour eux un allégement, et pour tout le monde une grande économie.

On dit toujours, pour justifier l'existence de l'administration des droits réunis, qu'elle sert à contrôler, à assurer la perception des autres droits et notamment du droit d'entrée; on croit que sans elle la fraude se pratiquerait impunément. Cette justification n'est pas fondée. Les marchandises, les denrées que les villes taxent d'une manière très forte aux barrières, acquittent parfaitement les droits, bien que les employés de la régie n'aient pas été prévenus à l'avance du départ de ces marchandises et de ces denrées. L'huile d'olive, par exemple, paie à Paris un droit de 40 f. par hectolitre; d'autres denrées paient dans diverses villes des droits très exagérés ; néanmoins, les taxes se perçoivent très bien par le seul contrôle des employés de l'octroi, et personne à Paris ou dans les autres cités ne songe à réclamer une administration spéciale ayant pour mandat de surveiller la marchandise au départ et de la faire surveiller jusqu'aux barrières des villes, pour s'assurer que les droits ne sont pas fraudés. Le prétexte que l'on donne pour justifier l'existence des droits réunis est donc sans valeur; car il nous a fourni une nouvelle preuve des exigences du fisc envers les produits vinicoles.

L'administration des droits réunis est donc une charge énorme pour les propriétaires de vignes. Les frais qu'elle occasionne et les vexations qu'elle entraîne suffisent pour en commander la suppression. Entre tous les systèmes produits ou à produire pour remplacer l'impôt indirect, ceux-là nous paraîtront les meilleurs qui tendront à réduire le personnel des contributions indirectes et les frais d'administration. Le système qui nous en affranchira complétement, sans aggraver les autres parties du service, est sûr d'avance de toutes nos sympathies.

Nous venons d'exposer l'ensemble de la question vinicole, en ce qui touche l'intérieur.

Nous avons montré que les terrains où se trouve plantée la vigne ne sont point imposés en raison de leur fertilité, mais en raison de l'industrie, en raison des soins et des capitaux qu'ils exigent pour la culture ; nous avons montré que l'impôt direct des vignes se trouve en disproportion évidente avec l'impôt payé par les autres terres.

Après avoir parlé des charges qui pèsent sur le sol, nous avons indiqué celles qui pèsent sur le produit, et ici nous avons vu l'injustice des droits s'accroître par le nombre des taxes, par l'inégalité de leur répartition, et par la multiplicité des obstacles qu'elles opposent à l'écoulement des produits.

Assis sur la consommation, l'impôt indirect, loin de la seconder, a pour conséquence nécessaire de la restreindre. Faible dans une partie de la France, énorme dans l'autre, il immobilise et accumule les produits dans certaines parties, les empêche d'arriver dans les autres, et élève entre le Nord et le Midi une barrière non moins fatale que les lignes de douanes d'un pays étranger.

Accablant pour tous les consommateurs, il l'est surtout pour les consommateurs pauvres, que l'exagération des droits de détail atteint d'une manière plus directe ; il l'est surtout pour les consommateurs pauvres des villes, qui, à l'exagération du droit de détail voient s'ajouter encore l'impôt de *l'octroi*, l'impôt de l'*entrée,* perçu par le fisc, le *décime de guerre,* prélevé sur ces deux impôts, et les *surtaxe*s multiples, autorisées sans raison, sans motif, en violation formelle de la loi.

Gênant pour le producteur dont il avilit les produits, pour le consommateur dont il dénature la boisson, pour le commerce dont il restreint les affaires, l'impôt indirect exerce sur l'industrie vinicole l'influence la plus désastreuse. Les souffrances actuelles sont en grande partie son œuvre. C'est donc sur lui que doivent s'accumuler tous nos reproches ; c'est à une réforme complète de cet impôt, aussi bien qu'à une réforme du régime des octrois, que doivent tendre tous nos efforts. Les solutions partielles, avons-nous dit, peuvent atténuer le mal, mais non le guérir.

Plusieurs personnes croient que la réforme la plus urgente est celle des octrois. Nous reconnaissons comme elles la nécessité de réformer les octrois : mais nous ne saurions partager l'indifférence qu'elles affectent pour l'impôt indirect; nous ne pouvons approuver les ménagemens qu'elles veulent montrer pour le Trésor. Quand on pose un principe, nous aimons qu'on en tire les conséquences. Or, si l'impôt indirect est gênant, vexatoire, injuste, la conséquence est claire : il faut le changer. Nous ne saurions, non plus, hésiter un seul instant à penser que la réforme de l'impôt indirect est plus urgente et serait plus féconde que la réforme des octrois. Il suffit d'examiner dans quelle mesure ces deux impôts pèsent sur les vins, pour en être convaincu.

Les villes prélèvent, sur les vins et eaux-de-vie, par le droit d'octroi, vingt-six millions. L'état prélève sur les même boissons, par l'impôt indirect, 91 millions! Quel est l'impôt le plus lourd? Quel est celui qu'il importe le plus de réformer?

L'impôt de l'octroi, dans son acception vulgaire, prend une signification d'une étendue considérable : les contribuables qui paient des droits énormes aux barrières des villes, croient

que tout leur argent va s'ajouter au budget
des cités; ils ignorent qu'une large part de la
taxe, ainsi prélevée, est pour le Trésor, et que
cette large part, sous le nom de *droit d'entrée,* fournit au fisc une somme plus forte que
le droit d'octroi lui-même, perçu par les
villes. Voici la réalité :

Tandis que ce dernier droit produit 26 millions, les seuls droits d'entrée, perçus par le
Trésor, produisent 28,473,631 fr., c'est-à-
dire qu'ils dépassent de 2,500,000 fr., le produit des octrois. Ainsi, aux barrières des cités et par les mains des agens municipaux, le
Trésor perçoit plus que les cités elles-mêmes.

Quelques villes se trouvent complétement
affranchies des droits d'octroi et ne paient
que les droits d'entrée. La réforme du droit
d'octroi serait insensible pour elles.

D'autres villes paient un droit d'entrée beaucoup plus considérable que le droit d'octroi.
Leur situation resterait mauvaise.

Quelques villes enfin paient un droit d'octroi à peu près égal au droit d'entrée. Le

poids de leurs charges serait seulement diminué de moitié.

Trois exemples pour ces trois cas.

A Narbonne, les droits d'octroi sur les vins
sont supprimés depuis douze ans. Toutes les
taxes payées aux portes par les vins, sont
pour l'Etat. La suppression des droits d'octroi
laisserait cette ville dans la même situation.

A Montpellier, sur une somme de 66 fr. 80 c.
que l'on prélève aux barrières, par hectolitre d'alcool, la ville reçoit 9 francs. La suppression du droit d'octroi laisserait à la
charge des consommateurs une somme de
57 fr. 20 c. par hectolitre.

A Paris, la taxe de 20 fr 35 c. par hectolitre
de vin donne à la ville 10 fr. 50 c., à l'état
9 fr. 85 c. La suppression complète du droit
d'octroi dans cette ville ne diminuerait donc
que de moitié l'impôt payé aux barrières. Pour
les alcools, la réduction serait plus faible encore. Sur une taxe de 82 fr. 50 c., la ville reçoit 27 fr. 50 c. La suppression du droit d'oc-

troi laisserait subsister un droit de 55 fr. par hectolitre.

Dans aucun cas. la réforme ne serait complète.

Nous concevons le cri populaire qui s'élève contre les octrois. Dans l'imagination des masses, les droits d'*entrée* et d'*octroi* se classent sous une seule dénomination. L'amélioration que l'on implore devient alors beaucoup plus importante : au lieu de demander un allégement de 26 millions (droits d'octroi), c'est un allégement de 54 millions que l'on réclame (droits d'entrée et d'octroi cumulés). Dans ces termes, la réforme serait décisive, et nous y souscririons de tout notre cœur. Mais, dans la pensée des hommes distingués qui étudient notre question, la révision des tarifs d'octroi n'a point cette portée, et nous ne pouvons comprendre qu'ils nous fassent entrevoir cette révision, dans un lointain mystérieux, comme une satisfaction complète, comme le dernier terme de nos espérances.

Dans l'intérêt de la cause qu'ils ont à défendre, nous les engageons à porter toute leur sollicitude sur la réforme de l'impôt indirect.

Plusieurs systèmes ont été proposés pour remplacer cet impôt. Nous en avons analysé quelques uns, dont la formule nous a paru défectueuse dans plusieurs parties, sans offrir cependant les inconvéniens du mode actuel. Il est facile de trouver mieux que les systèmes déjà énoncés; cela est surtout facile pour l'administration des finances qui possède à la fois les élémens nécessaires pour résoudre la question et les hommes capables de la résoudre. C'est à elle de prononcer, si elle ne veut être accusée de mauvais vouloir; c'est aux pouvoirs publics à réclamer une solution, s'ils ne veulent faillir à leurs devoirs. L'impossibilité de produire un nouveau système est un argument désormais sans valeur.

Mais est-il vrai que, dans les hautes régions du pouvoir, la détresse des pays de vignes soit contestée? Est-il vrai que les rapports adressés à l'administration présentent nos plaintes comme exagérées? On le dit. Nous ne pouvons ajouter foi à un bruit pareil. Nous croyons l'administration mieux informée ; nous avons de l'intelligence de ses agens une trop haute idée pour penser qu'ils méconnaissent à ce point leurs devoirs. Si le contraire était vrai, nous conseillerions aux ministres de parcourir les localités d'où s'élèvent les plaintes ou d'employer des agens plus sûrs.

Pour nous, quand nous voyons toutes les populations vinicoles s'assembler spontanément, former des Comités, nommer des délégués, pétitionner et user de tous les moyens légaux que la constitution met dans leurs mains ; quand nous voyons les délégués de ces départemens quitter leurs familles, venir à Paris, pour se constituer en Comité et y défendre des intérêts compromis, sacrifiés, nous ne pouvons trouver dans ces faits un mouvement superficiel. Nous y reconnaissons les tristes symptômes d'une détresse profonde ; et, convaincu de la réalité des souffrances, alarmé des ravages que le mal opère, nous ne pouvons nous empêcher de dire à l'administration :

« Les promesses ne suffisent plus ; il faut des actes. Les pays vinicoles connaissent leurs droits ; ils savent que la législation oppressive dont ils sont les victimes est due à une fausse application des principes mêmes de notre gouvenement ; ils demandent le retour à ces principes. Leur cause est sainte, puisqu'elle est fondée sur un droit : faites-leur justice !

» Dans l'intérêt même du gouvernement, dans un intérêt politique, faites-leur justice !

» Mais surtout, songez au Midi ! Interrogez ses représentans ; ils vous diront que si vous restez impassibles devant sa détresse, vous pourrez voir s'éteindre des sentimens dévoués !

» Songez au Midi ! son bonheur dépend de vous : il peut vous attribuer sa misère ! »

Quant à nous, très dévoué à un système de gouvernement que nous croyons utile au pays, à son bonheur et à sa gloire, nous consignons ici ces plaintes avec tristesse, avec douleur ; nous déplorons de voir l'administration rester immobile, dans un moment où l'apaisement des esprits, à l'intérieur, et la fin des crises extérieures semblent lui laisser la liberté de son allure. Si la paix est bonne, c'est pour féconder le pays et multiplier les élémens de sa richesse ; c'est pour extirper de nos lois ce qu'une ère de calamité et les temps d'oppression y ont déposé ; mais la paix n'est point le sommeil ! C'est l'essor de toutes les intelligences et de toutes les activités vers le bonheur ! Le gouvernement doit seconder ce mouvement ; il peut le modérer : il essaierait en vain de l'étouffer.

P. S. Au moment où l'impression de cette brochure allait être achevée, le *Courrier français* a publié une lettre de M. Lanquetin, dans laquelle l'honorable membre du Conseil général de la Seine essaie quelques explications et quelques rectifications pour certains passages de sa brochure que nous avons nous-même plusieurs fois critiquée. — Nous ne voulons pas livrer notre travail au public sans dire un mot des nouvelles observations de M. Lanquetin.

Le fond de sa lettre n'atteint en aucune manière les raisonnemens que nous avons présentés. M. Lanquetin avait dit que les droits d'octroi n'influaient point sur la consommation ; aujourd'hui il ajoute : « que la suppression de ces droits serait impuissante pour détruire la falsification. » Il pose d'ailleurs en principe que la consommation n'a pas besoin d'être stimulée dans les grands centres de population, mais bien dans les campagnes. Nous pensons précisément le contraire. Les droits d'octroi arrêtent la consommation ; la suppression de ces droits ferait cesser la falsification et les fraudes ; enfin. c'est dans les villes où la population est agglomérée qu'il faut faciliter la consommation, et non dans les campagnes, où l'exemption absolue des taxes est aujourd'hui un stimulant très actif. Cette opinion. que nous avons développée dans plu-

sieurs passages, nous semble si naturelle, si
évidente, si conforme aux vrais principes,
que nous avons de la peine à comprendre
comment nos adversaires peuvent la combattre avec tant de persistance. Voilà ce que
nous pensions après avoir lu la brochure de
M. Lanquetin; voilà ce que nous pensons encore après avoir lu sa lettre. Nous le croyons
dans l'erreur; nous croyons ses assertions et
ses principes erronés. Quant aux intentions,
M. Lanquetin les proclame bonnes, dans sa
lettre d'aujourd'hui; nous les croyons telles;
mais nous doutons fort que tous les lecteurs
de sa brochure montrent la même indulgence.
Quoi qu'il en soit, jusqu'à ce que les écrits et
les actes de M. Lanquetin soient en harmonie
avec ses intentions, nous persistons à le con-
sidérer comme un adversaire de notre cause.

Quant à la détresse des propriétaires vinicoles, si nous avions besoin d'un argument
nouveau pour la constater d'une manière plus
claire encore, nous trouverions cet argument
dans la pétition que les propriétaires de Sau-

terne viennent d'adresser au préfet de la Gironde :

Notre impuissance à payer les contributions, disent ces
pétitionnaires, est plus grande que jamais, et s'étend cette
année à tous les propriétaires; quelques uns d'entre nous ont
eu encore assez de crédit pour pouvoir donner quelques à-
comptes au percepteur; d'autres ont été obligés, pour avoir
un peu d'argent, de vendre à cent francs de perte par tonneau; et cependant, malgré ce témoignage de bonne volonté,
plusieurs ont été saisis ou ont reçu des commandemens.

Si notre résistance était l'effet d'une opposition systémati-
que, nous comprendrions ces frais nouveaux qui vont nous
achever; mais à quoi bon des saisies éclatantes, avec renfort
d'huissiers et de gendarmes, qui ne font qu'ajouter à l'irrita-
tion toujours croissante, nous dirions même au désespoir des
malheureux habitans de cette nouvelle Irlande.

La justice et surtout la prudence prescrivent, ce nous semble, au gouvernement un peu plus de tolérance.

Nous vous demandons en conséquence, monsieur le préfet,
de vouloir bien faire opérer les saisies sans aucun frais. Nous
prenons dans vos mains l'engagement formel de faire transporter, à votre première réquisition, nos vins sur le marché
indiqué par la loi; nous vous offrons même une caution, si
vous le désirez.

Le spectacle de cette misère est affligeant
et nous dispense de toute réflexion. Nous nous
bornons à recommander ce document aux

personnes qui doutent encore, à celles surtout qui, comme M. Lanquetin, considèrent la question vinicole au point de vue exclusif de la ville de Paris. Leur position les aveugle : chargées de régler les finances de cette ville, elles se préoccupent surtout des caisses de la grande cité et des moyens de subvenir à ses dépenses municipales, sans songer aux malheureuses victimes de leur fiscalité. Quelque important que soit ce point de vue, il n'en est pas moins restreint : Paris et ses monumens ne sont pas la France ; ses quais, ses trottoirs, ses chaussées ne font pas prospérer l'agriculture.

Tout se tient et doit se lier dans un état. L'élégance, les richesses, le luxe ne doivent pas s'accumuler sur un seul point, tandis que la misère étend son voile de deuil sur un vingtième du sol français ; de telles anomalies ne pourraient subsister sans de graves dangers. La France se maintiendra forte et puissante par l'agriculture qui lui fournit et les principaux élémens de sa richesse et une population vigoureuse: elle se perdrait par le luxe qui énerve et corrompt les populations. Une politique sincère, utile, française, devra toujours donner à l'agriculture les plus grands encouragemens et stimuler la production par ses largesses. Tout ce que l'on confie au sol fructifie et enrichit; tout ce que l'on donne au luxe constitue pour la société une dépense improductive, et par conséquent une perte irréparable.

Paris, 26 juillet 1843.

FIN.